走進韓國人的家，學做道地家常菜

74道家庭料理&歐巴都在吃的韓劇經典料理，讓你學會原汁原味的韓國菜和韓食文化。

郭靜黛 *Joyce* —— 著

정말
맛있어요

自序

如果要寫一本純文字書，

需要作者的動人故事或值得說的故事；

如果是一本純食譜，

除了食物本身角色，還要投入製作拍攝；

如果，是這樣一本走進某一國家、

某個家庭的料理與人文書，

那麼，需要機緣展開追尋與探索，

才能，開始說故事、烹調做料理。

這段旅程的開始，我讀許多韓國文化社會縮影的書，研究韓國飲食文化，觀看韓劇、韓綜，試著瞭解韓妞的美學，只要外出用餐，就吃韓國料理，然後，在韓國旅行，進入韓國人的家庭，學習韓國媽媽的味道，讓自己浸淫於韓食文化；旅程一旦展開，我的感官、呼吸都隨著韓國的一切律動，即使隨意在三清洞散步、仁寺洞喝茶，我也把感受到的風與溫度，收進心裡，慢慢咀嚼，等待時機，隨著料理，刻成鉛字，釋放在紙張上。

有過一兩次，我問朋友是否跟我去韓國遊玩，我告訴朋友，我工作時，你可以去觀光，只要記得回飯店就好，朋友問，那你有空時，我們要不要去哪兒玩？然後，我愣住了，想起自己無聊的行程，於是只好請朋友打消念頭，不要跟我出發韓國。通常，我到首爾，住進飯店後，除非外出到韓國媽媽家上課學習需要早起，除此之外，我常常因為身體與精神疲累睡得晚，首爾的觀光景點，去過的沒幾個，不上課的時候，只做幾件事，買食材、看餐具、找餐廳、逛市場與泡咖啡廳，走過的路，可以用烤肉幾克、泡菜幾斤來算，因為我循著料理的味道或食材的蹤跡在韓國遊走。

我對韓國料理的認識，始於韓國歷史劇

「大長今」，鮮少看戲劇節目的我，當時就是為了料理而觀看大長今，長今做的料理是韓國宮廷菜，那時除了看電視，我也仔細地讀過幾遍韓國宮廷料理書。上班族的日子，時間切割得瑣碎，料理書後來靜靜躺在書櫃一角，一直到近兩年前，將塵封的書籍取出，拭去塵埃，扉頁翻飛間，重新展開韓國味覺之旅，不過，我沒想到，這一投入，耗去大量時間與精力，料理思維重新調整方向，但也挹注新的活力，思維翻轉間，有許多的衝擊與反思，許多夜半，我整理著上課的手稿，有的字跡模糊，因為水或醬料飛灑其間，或者字跡潦草，難以辨認，必須重新研讀、謄寫，拿出髒兮兮、食物殘渣卡在鏡頭上的照相機，瀏覽照片，讓味覺記憶再度甦醒。

每一趟往復間，我的行李益發地重，那些溢滿行李的，除了我的購物，還有許多是韓國媽媽塞進我手中的食材或伴手禮，沉甸甸的，小小的心無法承載這重量，卻又有暖烘烘的溫度在心裡流動；每次回到台灣，我得花半天的時間，重新安置冰箱、食品儲藏間、餐具櫃，消毒雙手、取出泡菜，放入保存盒，整理冰箱；調味料、食材與各種醬，安放在食品儲藏間；韓國餐具越來越多，後來得重新配置餐具櫃，為它們找一個特定的安身立命之處，韓國味道，一小時一小時地、緩慢融入我的廚房，然後成為餐桌上堅定的一景。

一趟旅程回台，討論、計畫、再規劃下一程，無法確定腳步停在哪裡，只知道，為了料理，以跬步積千里，每一趟旅程，我獨自出行、歸來，等待黎明，再往下一程，要寫一本像我這樣的書，只靠我這微薄作者的能力，很難！在幕後默默照顧、連結每一個斷點、溫柔地執行工作，是與我一起工作的出版社編輯團隊，謝謝許多背後默默支持的雙手、與韓國家庭的接納，也謝謝膽小的自己，總為了「料理」勇敢踏出、追求更精淬的腳步。

Joyce

目錄

CHAPTER 1

春川高媽媽的養生餐桌

旅台韓媽媽的好客餐桌

首爾鄭媽媽的濃情餐桌

仁川宋太太的新穎餐桌

以開放的心學習料理，就能像宋
太太一樣做出醇厚的好菜。 P.162

京畿道李媽媽的日常餐桌

跟著李媽媽一起上市場、做料
理，樂當一日韓國料理人。 P.196

CHAPTER

做給歐巴吃的韓劇料理

☯ 淺談韓食文化

韓國料理注重醫食同源、陰陽調和，認為料理不能只有美味，必須也對身體健康有直接幫助或療效，將「醫食同源」的觀念發揮地淋漓盡致就是韓國宮廷御膳，這份韓食文化的內涵貫穿在《大長今》全劇中；另外跟著季節吃不同的食物的特點與華人地區的跟著節氣過生活，是一樣的道理，不過，超乎我們所想的是，韓國人其實是最熱的三伏天喝人蔘雞湯，認為這樣才能為因夏天吃冰、從皮膚散熱的虛弱內臟，由內調理。韓食源遠流長，追本溯源可以考究至中國秦漢時期的魯菜，對我來說，韓食文化所保存的中國古風與古禮（分食制、地板生活文化）也是它的迷人之處。

從南韓地圖來看全區，共分為本島八道行政區域、首爾特別區與濟州道，每一區因為氣候與物產，各有其特色料理與鄉土料理，我最喜歡看的韓國綜藝節目《韓食大賽》，就針對每一區、包含北韓的特色料理來比賽，最後選出冠軍，如同日本的《料理東西軍》節目一樣，可以看到每一道料理的特選食材、如何獲取、使用失傳的技巧等等。韓文老師常說，我看的韓食大賽技巧太難，內容深奧，常人做不來，她喜歡看家常的《今晚吃什麼》，其實，我是當百科全書看。

江原道，南韓東北部，東臨東海，內陸則有南北走向的太白山，江原道被

休戰線

江原道

仁川　首爾
京畿道

忠清 北道

忠清 南道
大田

鬱陵島

獨島

慶尚 北道

黃海

大邱

東海

全羅 北道

蔚山

慶尚 南道

釜山

光州

全羅 南道

濟州特別自治道

南海

休戰線一分為二，屬於北韓料理文化的血腸就是來自江原道，江原道山區產蕎麥、馬鈴薯、松茸，東海的魷魚也很有名，韓國有名的黃太魚乾也是在江原道的深山風乾而成，所以蕎麥冷麵、明太魚湯、魷魚料理、血腸等，是到江原道不可錯過美味。另外江原道廳所在的春川則以辣炒雞聞名，甚至有辣炒雞一條街，這條街每一家都賣辣炒雞，還真難分辨哪一家好吃！帶我去的朋友賢圭則認為，每一家都差不多。

京畿道，位於南韓西北，道內還有首爾特別區與仁川（直轄市），接近休戰線的地方有許多軍事基地，著名的部隊鍋就是從這裡早期的美軍基地誕生的，京畿道南邊的利川市，是韓國有名的產米區，就像台灣池上或日本新潟一樣，利川米是韓國受歡迎的高級品種米。京畿道廳所在地為水原市，這裡早期有牛肉市場，因此牛肉燒烤是這裡有名的料理。

忠清道，忠清道分為忠清北道與忠清

南道，北道有許多山區，南道則是平原與河流交錯，忠清南道的安眠島為螃蟹與明蝦產地，所以螃蟹鍋很有名，南道還因為河流多而有許多淡水魚料理，是個以河鮮、海鮮聞名的地方；忠清北道則以淡水魚、淡水貝類的料理著名，另外也是高麗人蔘的產地，除了人蔘，許多藥草也產自這裡，蔘雞湯、大麥飯就該在這裡吃。

慶尚道，慶尚道分為慶尚北道與慶尚南道，另也包含釜山、大邱、蔚山三個直轄市，慶尚道的料理使用大量辣椒、大蒜，味道濃郁辛辣，大邱燉牛肋、安東燉雞都是慶尚道有名的料理。在韓食大賽出現過的假祭祀飯就是出自早期有著許多兩班貴族（古朝鮮的貴族稱呼）的慶尚道，這是兩班貴族的拜拜料理，沒有使用辣椒、大蒜、蔥等辛香蔬菜是拜拜料理的特點；包飯和解酒湯，是慶尚道的慶洲而聞名，但更多人知道慶洲是因為皇南餅（內包豆沙的餅，貌似我們的簡樸月餅），我讀韓流巨星裴勇俊所寫的關於韓國文化的書，他寫到跟工作人員到慶洲時，工作人員吵著一定要吃到皇南餅，所以裴勇俊買了一大箱給工作人員呢！屬於慶尚道的晉州，有著我喜愛的料理－生牛肉拌飯，當然，首爾也能吃到。

全羅道，全羅道分為全羅北道與全羅南道，全羅道氣候適宜、水質很好，是韓國飲食文化最豐富的地區，韓國人會說：「吃在全羅道」，來表示全羅道美味的食物，每次我看《韓食大

賽》時，全羅道總是名列前茅。全羅道的全州，其拌飯聞名全韓國，許多賣拌飯的餐廳，都常標榜全州拌飯。另外，全韓國人家家戶戶都一定要有的糯米辣椒醬（苦椒醬），其最主要的產地，淳昌，就在全羅道，我一直想造訪此地，然仍未有機會，泥鰍湯也是全羅道有名的料理，我則是在首爾品嚐到的。

濟州道，以濟州島為中心，包含周邊島嶼，韓國最南端的濟州道，因為四面環海，海鮮料理當然是必要的，這裡有名的觀光活動之一就是看海女捕撈鮑魚，鮑魚粥是不可錯過的料理，這粥會連同鮑魚的內臟一起料理，鮮味十足，但濟州島最有名也最為人所知的，並不是海鮮，而是濟州島的黑豬，尤其韓國人的最愛—豬五花肉，只要是濟州黑豬，因為產量少，所以價格也高。

首爾特別區，做為韓國首都的首爾，因為是首善之區，古皇宮景福宮也在首爾，所以歷史劇中《大長今》的宮廷料理即可在首爾品嚐到。首爾的家常料理也是以宮廷料理為中心發展出來的，大部分的首爾人認為，好吃的食材與料理都集中在首爾了，不過我還是認為，地方料理離開了原來的地方，難免失真，就像我在台北吃不到好吃的台南米糕、碗粿，不過做為首都，與外來文化密切連結下，把韓國食材，如泡菜、人蔘等，放入法國料理、義大利料理等，這些則在首爾大放光彩，是不可錯過的料理。

不可或缺的泡菜

泡菜是韓國飲食中最重要的一個篇章，全世界都認識的韓國泡菜，最原型是一種叫做「沉菜」的醃漬醬菜，起源自中國，古代製作沉菜時，在醃漬過程中，將菜沉於水中，故而得名，而韓國最主要用來做泡菜的大白菜，也不是原來朝鮮半島的蔬菜，是從中國傳入的。

最早的泡菜並非像現在一樣，紅通通一片，「辣椒」這項農作物是在十六世紀才傳入韓國，在這之前的韓國料理，包含泡菜，都未使用辣椒，所以長今煮給皇上吃的料理中沒見過辣椒喔！

泡菜中最重要也最常見的，分別是大白菜泡菜與白蘿蔔泡菜，在韓國，家家戶戶的冰箱中一定都有這兩種泡菜。說到冰箱，韓國的家庭一般來說，都有兩個冰箱，一個是與我們相同、保存各種食物的冰箱，另一個冰箱是泡菜冰箱，專為放泡菜所設計，因為許多泡菜味道重，且所需的溫度介於冷凍與冷藏間的 -2 ～ 0℃，所以不適合保存於一般冰箱中，有的人家甚至有兩個泡菜冰箱。

韓國製作大白菜泡菜的季節約為每年的立冬前後，到了大白菜泡菜製作期，全韓國家家戶戶便開始動起來，

在老家長輩呼喚下，許多住在大城市的人，全家動員回老家做泡菜。這時期，大約兩、三個星期，韓國的高速公路總是塞車，充滿回鄉車潮，尤其周末塞車更是嚴重，大家都為了做泡菜而回家。做泡菜是家族大事，並不僅僅是只有一家人的事，阿嬤、大姨婆、小叔叔等，總之想得到的親戚，這時都齊聚一堂，大家一起做泡菜，在一些鄉下地方，做泡菜更是全村的大事，是全村莊的人一起做的。

泡菜的細節，一輩子都學不完

我在鄭媽媽（請見本書 Chapter.3）家中做泡菜時，已過了立冬一個月，

但還是大白菜泡菜最佳製作期，這時的大白菜肥大甜美，當時，白天氣溫約為 0 ～ 5℃。晚上睡前，將大白菜泡在鹽水中，直接放在陽台，晚上的溫度更低，陽台就是一個天然的冰箱。台灣溫度太高，泡鹽水脫水的時間需要縮短，但天候溫度無法掌握，所以建議放在可以控制溫度的冰箱冷藏約十至十二小時，使白菜慢慢脫水，需要的話，每過兩小時幫白菜翻面，使每一片葉子都均等脫水。

白菜品質、鹽水比例與脫水時間是影響白菜泡菜口感的重要因素，太鹹或脫水太多，白菜容易因水份流失而又

老又硬，若脫水太少，白菜因含水量多，泡菜成品則較軟爛，有經驗的韓國老阿嬤，只要掐指一捏，就知道該再泡多久或該拿出了。每一種品牌的鹽鹹度粗細不同、天氣溫度、蔬菜品質、脫水去菁時間長短、藥念醬的濃度、發酵程度等等，這些都影響著泡菜的前置作業、味道與口感，所以就算做了一輩子泡菜，也不見得每年的品質相同。「做泡菜」這件事，可是要學一輩子的！

醃漬三個月之內的並不算老泡菜，但就算是三個月內的泡菜，只要嚐起來酸了，表示泡菜已經過了最佳品嚐期，這中間，最重要的是溫度控制與保持乾淨，偶爾幾次，以不乾淨的筷子夾取泡菜，再隔一陣子拿來食用時，已經壞掉，這表示被汙染到，只能全部丟掉。溫度太高，泡菜也容易發酸，所以可見泡菜冰箱的重要性。

泡菜的味道，由醃漬醬決定

幾乎所有的泡菜在製作前（當然會有例外，這裡不贅述），會先將新鮮蔬菜經過脫水去菁的過程，並且著手準備醃漬醬，這醃漬醬中，請不要忽略做麵粉糊或是糯米糊這個步驟，麵粉糊或是糯米糊是為了要讓醃漬醬中的各種食材、調味料能互相完美結合，

不會與泡菜或其它材料分離，做為看起來不起眼的主角，其實非常重要。另外，可以隨心所欲或按自己想要的味道來調製，比如說，可以使用豆漿或昆布高湯代替水，也不一定要使用麵粉或糯米粉，台灣的番薯粉或蓮藕粉都是可以考慮的。

醃漬醬中除了重要的「粉糊」之外，其它的調味食材，如前述所說的高湯，另外搭配的蔬菜也會影響泡菜味道，要使用韭菜、或是胡蘿蔔絲呢？都需要細細思量，所有這些食材的搭配或運用都是為了最後泡菜味道的呈現；想要做出好吃的泡菜，要注意的

是這醃漬醬的味道，而不是醃漬的時間，花力氣、心思準備醃漬醬，就會得到好吃的泡菜。

老泡菜也是寶

如果泡菜超過三個月，那就能算為老泡菜了，老泡菜適合入料理，經過烹煮，發酵的酸味會轉為甜味與溫潤的微酸，替菜餚增添厚度，為了做韓國料理，好好地保存泡菜成為老泡菜，是重要的功課，在韓國，甚至有一間豆腐鍋餐廳，標榜他們的泡菜鍋是使用放了三年的老泡菜，可見老泡菜在料理中的地位，偶爾也能見到老泡菜成為桌上小菜，這時會以乾淨的水沖

洗掉泡菜表面的醃漬醬，再度成為餐桌上的小菜。

韓國泡菜的多樣性與豐富度，大概是我們難以想像的，幾乎見到的每一種蔬菜，都能做成泡菜或醬菜，每一次到訪韓國，總是能吃到沒見過的泡菜。厲害的韓國老阿嬤，有人一身絕活，能做兩百多種泡菜，根據研究，泡菜可以針對肥胖、高血壓、糖尿病及消化系統的毛病，有預防與治療效果，可以說是最健康的常備菜，今年秋冬，捲起袖子做屬於自己的泡菜吧！

🔵 韓國飲食二三事

湯料理的重要

每一餐韓國料理中，不論到餐廳享用，或是在家吃飯，最不可或缺的是湯品，每一餐都要有湯，就像每一餐的泡菜一樣重要。餐具行所賣的全套餐具中，一定都會有湯碗，不可跟飯碗混合使用。因為對韓國人來說，湯很重要，也因為這樣的飲食文化，所以鍋料理也是韓國料理中重要的一環。

韓國街上有許多湯料理的餐廳就是這文化的表現，雪濃湯是台灣人熟知的湯料理，韓國人吃雪濃湯時，很少單獨喝湯，通常都是湯一上桌，就把跟著上桌的白飯倒進湯中，再加泡菜等等，我則是先喝少許湯，才把白飯放入，又或者，湯匙舀出一些飯，再泡入一些湯，一口一口吃，對韓國男人來說，我這種吃法很不直接吧！

扁筷與湯匙

我第一次造訪春川高媽媽（請見本書Chapter.1）家時，剛開始吃飯時，我手上的扁筷一直不聽使喚，惹得高媽媽笑出來，他們為我換一雙圓筷，不過，後來我很喜歡使用扁筷，隨意放桌上也不會跑來跑去，不會移動，就是扁筷的由來。

早前的韓國，料理做完後就放在飯床上，再將飯床從廚房移動到要吃飯的地方，如果是圓筷，容易滾動；另外，在韓國，筷子是夾菜用的，使用扁筷比較容易，所以就成為普遍性地使用扁筷。

至於湯匙，是吃飯與喝湯用的，如果要吃飯配小菜，則是先以扁筷夾取小菜放入飯碗中，再換成湯匙食用。

不論吃飯中或飯後，筷子及湯匙是放在右手邊，以垂直方向放好，如有筷架，則筷架橫放於右側，湯匙與筷子垂直立於筷架上，不可將筷子與湯匙放在飯碗、湯碗、盤子上，這是祭拜時才這樣放的。

吃飯喝湯不就口

在韓國吃飯或喝湯，都只能以湯匙舀出就口，不像台灣或日本，是拿碗就

口，如果把碗拿起來，是不規矩的行為。在韓國家庭吃飯時，剛開始會忘記，後來乾脆把左手壓在左腿下，單獨使用右手吃飯，才漸漸習慣這樣的飲食文化。

長輩永遠優先

韓國的傳統文化以儒家思想為中心，在韓國，儒家中的尊長在吃飯文化中發揮得淋漓盡致，長輩開始吃，其它人才可以跟著開動，喝酒也一樣，長輩拿起酒杯喝了後，晚輩才可喝，並且不可在長輩面前喝酒，必須要轉身喝酒，也不可以跟長輩乾杯，如果要抽菸，也不允許跟長輩一起抽菸，長輩在家抽菸，晚輩就要到陽台自己抽菸，只要記得，長輩永遠是優先的。

燒烤怎麼吃？

在韓國吃烤肉，一定都會送上滿滿一盤生菜，這是非常重要的「烤肉組合」，如果去 eMart 採買，會看到滿滿一整櫃、冒著白色冷霧氣的各種生鮮蔬菜專櫃，這就是吃烤肉最重要的好朋友－生菜！當肉烤到差不多時，先拿一片生菜在手上，放一片芝麻葉，再把烤肉放上去，然後放入大蒜與青陽辣椒，最後，包飯醬是調味用的，然後可依個人喜好放泡菜或其它桌上的小菜等等，要先上下兩邊包起，再將左右折過來，才能形成小巧的一包，塞入口中，大塊剁頤，這時，如果來一杯烤肉好朋友－韓國燒酒，那就銷魂了！

料理前的準備

韓式料理常見的辛香料

若要做韓國料理,那麼,一定要有的辛香料是可以日常就準備好,就像台灣的廚房,我們總有薑、蒜等等,那麼,哪一些辛香食材是屬於韓國廚房呢?

蒜頭

如同中式料理,蒜頭佔有一席之位,幾乎所有的韓國料理都有蒜頭,尤其是使用蒜泥,涼拌、泡菜、燉菜、甚至是湯品,都會放入蒜泥,使用的份量比起中式料理大得多,因為蒜泥使用量太大,所以每個韓國家庭的冰箱都能輕易找到裝著蒜泥的保存盒,超市的冷藏架上,也有許多蒜泥或蒜末,各種樣式、品牌任君選擇。

辣椒

如果說,蒜頭是韓國料理的內在,那麼外在主角當然非辣椒莫屬,除了經常使用的辣椒粉之外,也經常使用新鮮辣椒,在韓國,最常使用的新鮮辣椒通常是綠色的青陽辣椒,韓國人愛吃青陽辣椒,我更看過只放青陽辣椒的煎餅呢!

蔥

韓國料理使用的蔥有兩種,一種是大蔥,另一種則是與台灣一樣的細蔥,韓國人有時稱這種細蔥為香蔥,韓式料理中,大蔥較常使用,如果買不到大蔥,使用台灣細蔥也可以。

白芝麻

白芝麻散見於所有韓國料理中的泡菜、醬菜、涼拌菜,一些主菜或湯品,運用範圍廣大,每一餐的餐桌一定都有,可以買大包裝,事先以乾鍋烘焙乾炒過,裝入瓶子,天天使用的話,常溫保存即可,若不常使用,則可放入冰箱冷藏保持鮮度。

韓式料理的基本調味料

藥念—調味醬的概念

藥念,在韓文中泛指調味醬料,韓國料理是一種以醬料為基礎的概念,一步驟一步驟準備食材時,最常出現一種動作,就是將各種醬料或調味料與一些食材,先拌在一起,成為醬料,再繼續下一步驟,做泡菜時,要先做醃漬醬;做辣牛肉湯時,牛肉燉到一定程度,才把事先做好的調味醬放入同燉;製作煮物時,也是把調味醬放入主角食材中一起煮,掌握藥念的調味醬概念,韓國料理就會變得簡單。

❶　　❷　　❸　　❹　　❺　　❻

1. **韓國麻油** 참기름

   以白芝麻提煉出的芝麻油，因其焙煎程度與台灣、日本不同，所以香氣也不一樣，麻油可以說是韓國料理的靈魂，從涼拌小菜到大菜，幾乎都用得到它，韓國製麻油的香味濃郁優雅，是我每次到韓國時必買的食材之一。台灣也很容易買到韓國麻油。

2. **朝鮮醬油** 조선간장

   古法釀造醬油，因古早時無法以冷暖氣調節醬油釀造時的溫度，故鹽巴分量極大，鹹味更重，因為健康因素，現代人較少使用，但許多傳統韓國料理還是會使用朝鮮醬油，如果沒有的話，以釀造醬油代替使用即可。

3. **釀造醬油** 발효 진간장

   韓國醬油的釀造與台灣、日本相似，都是以黃豆為主要材料，生成麴菌種後，再放入醬缸中使之熟成，最大的不同是，韓國醬油於加鹽入缸的部分，鹽的比例高於台、日，故韓國醬油均較鹹，在韓國，如要稱為釀造醬油，必須在加鹽入缸後，在大太陽下曝曬一定的時間；韓國釀造醬油也叫濃醬油，或有翻譯為正醬油，不論顏色或味道，都較為深重。

4. **湯醬油** 국간장

   湯醬油是韓式料理中涼拌、煮湯專用的醬油，因為顏色淡、相較於釀造醬油也較為不鹹，為料理製造醬香味，不需要醬色也不需要太鹹的菜餚都適合使用湯醬油。相反地，做燒烤料理時，需要顏色深且味道重，則會使用釀造醬油。

5. **魚露** 멸치 액젓

   魚露是新鮮的魚加入鹽巴，放置室溫讓其發酵，發酵過程中產生的汁液就是魚露，在韓國，講究的人會分別使用沙丁魚或鮪魚或其它魚類的魚露，台灣可以買到的魚露通常是鯷魚魚露；魚露與蝦醬一樣，是增加鮮味與鹹味的調味料。

6. **蘋果醋** 사과식초

   是以白醋為基底的調味醋，去過的韓國媽媽家，許多人使用蘋果醋，所以我也跟著使用，在台灣可以使用一般白醋。

   玉米糖漿 물엿

   是以玉米提煉出的糖漿，是做泡菜的食材之一，另外許多料理也常用到糖漿，如涼拌或調味醬。

紫蘇油

在韓國，許多料理家或廚師都會使用紫蘇油，其實紫蘇油是把韓國芝麻葉泡在韓國芝麻油中，使其芝麻葉的特殊香味浸潤至油中，當作香味油來使用，在台灣，也可以自己如法炮製紫蘇油，將新鮮的韓國芝麻葉洗淨，晾乾至完全沒有水份，泡在芝麻油中，記得，自製這樣的紫蘇油時，請放在冰箱冷藏保存。

梅汁 매실

許多傳統的韓國家庭到了青梅季節時，總會釀製大量的梅汁，梅汁是以青梅與糖一比一的比例製作，釀製幾個月後，等到糖完全溶解，梅汁就可以使用，許多韓國媽媽不愛用玉米糖漿，而是使用梅汁代替，有的梅汁還一釀三年，果味濃厚，是玉米糖漿無法取代的。這裡所寫的梅汁食譜為最簡易施作的，我也曾見過達人的複雜作法，梅子與糖的重量一比一的比例，（有的糖量比例達到 1.5），做梅汁之前最重要的是梅子的處理，一定要把梅子的梗與蒂完

全剔除，如果沒剔除完全或沒乾燥完全，梅汁熟成過程中，有可能會發霉。

梅汁作法

青梅 ………………………………………… 800g
韓國黃砂糖或台灣二號砂糖 ……… 800g

① 青梅洗淨後，晾乾或陰乾。

② 剔除梅子的梗與蒂頭。

③ 以牙籤將青梅表面戳幾個洞，以利梅汁釋出。

④ 一層糖、一層青梅，層層疊疊放入乾淨消毒過的瓶子中。

⑤ 一個星期後，梅汁比較多時，取乾淨已消毒過的長筷或長湯匙，攪拌沉底的砂糖，大約一星期攪拌一次，約兩個月後可以開封使用，不過，醃製熟成時間越長，則梅汁糖漿越香醇。

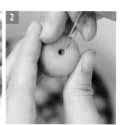
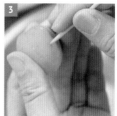

1. **苦椒醬（糯米辣椒醬）**고추장

   將蒸過的糯米加入大豆、麴種搗成泥狀後，加入辣椒粉、鹽、大豆麴、醬油等，再放入醬缸中使之熟成，苦椒醬是韓國每一個家庭必備的藥念，苦椒醬對韓國人有多重要？出國不能帶泡菜，那麼就帶一支軟管裝的苦椒醬，到了哪裡，有了苦椒醬，什麼都吃得下！

2. **大醬** 된장

   大醬就是韓國版的味噌，黃豆浸於鹽水中使之發酵後，將黃豆撈出打碎，以鹽、醬油調味、拌勻，做成豆餅，做好的豆餅以草繩綁好，可在傳統市場看到許多這樣

的豆餅，這些豆餅是讓人買回家做大醬的。做大醬前，先將豆餅搗碎、以手搓揉成團，放入底部已鋪鹽的陶甕，壓緊實後最上層再鋪鹽，每天在太陽下打開蓋子讓其曝曬，持續至少一個月，就會變成大醬；大醬湯是韓國湯品料理中最常見的，也如同日本味噌湯一樣，要放哪些食材，豐儉由人。

3. **包飯醬** 쌈장

   包飯醬說得簡單一點，就是大醬加上苦椒醬的組合，只是每個品牌的比例不同罷了，包飯醬的運用範圍很廣，直接翻譯字面意思的話，就是包醬，說是包醬，就容易懂了，比如說吃烤肉時，拿了生菜要包肉片前，就會放入包醬，韓式拌飯的醬也可使用包飯醬；如果不想特別購買包飯醬，也可以大醬與苦椒醬 3:1 的比例攪拌後，按個人口味添加入芝麻油、梅汁糖漿、白芝麻等製作而成。

   清麴醬 청국장

   清麴醬的製作與大醬相差不大，但更為簡單，時間也很短，將煮熟的黃豆放置發酵即可，通常二

至三天即可完成，有人說清麴醬的味道跟日本納豆很像，不過我吃到的清麴醬或清麴醬湯，發酵味道並不明顯，應該是各種品牌的發酵程度不一。

生蝦醬 새우젓

生蝦醬是做韓國泡菜的重要食材，不可缺少，捕獲的新鮮小蝦加入大量的鹽，放置使發酵，生蝦醬平日需要放於冰箱冷藏保存，不止泡菜，許多韓國料理也會使用生蝦醬增添鮮味與鹹味。

辣椒粉 고춧가루

辣椒粉築構著韓國料理的世界是眼睜睜的事實，在韓國買辣椒粉，會因為研磨顆粒的大小，分為粗磨或細磨，粗辣椒粉是做泡菜時使用，細辣椒粉用得較少，是增加料理辣味為主時使用。烹調韓國料理時，最常使用的辣椒粉是介於粗粉與細粉之間的中粉，不過超市賣的辣椒粉不見得有此說明，只要挑比粗粉細的辣椒粉來使用即可。

韓式料理 常見的食材乾貨

1. **蕨菜乾 고사리**

   蕨菜（過貓）曬乾後的製品，泡水軟化後使用，最常見到用於製作成涼拌小菜或煮湯時加入，也可加入煎餅，或另外火炒，是韓國家常料理中最常見到的以乾燥保存食品做成料理的蔬菜。

2. **芋頭莖 토란줄기**

   台灣人吃芋頭的球狀地下莖，韓國人也吃，但他們也喜歡長於地面上的綠色莖梗，不過是曬乾之後使用，泡水軟化後，除了可以做泡菜、醬菜，最常見到的是加入湯品中一起烹煮。

3. 乾燥蘿蔔葉 무시래기 나물

白蘿蔔的葉子曬乾後的製品，泡水軟化後使用，常見於涼拌菜、燉煮、湯品等，可在韓國的超市或傳統市場買到。

芝麻葉 깻잎

芝麻葉，也可稱為芒胡麻葉，翻譯為芝麻葉很容易與生菜沙拉中的芝麻葉混淆，台灣許多人也把日本的青紫蘇葉稱為芝麻葉。以前，韓國芝麻葉不易取得，在我開始本書的製作之前，跟平常往來的香草攤老闆娘討論，央求她種芒胡麻葉讓我使用，沒想到她答應也種出來了，所以現在可以在台北的建國花市買到。

蘿蔔乾 무말랭이

白蘿蔔切成小塊後曬乾製成，泡水軟化後使用，常用來製作成泡菜、醬菜、涼拌菜。外型長得像台灣的菜脯，但是韓國蘿蔔乾未經加鹽發酵，是直接曬乾製成的，所以顏色較台灣的菜脯淡許多。

全食材的利用—洋蔥皮、乾蔥根

韓國自古因氣候嚴寒，食材取得不易，所以傳統的韓國母親自小所受的食育，都是不可浪費食材，這是我最喜歡韓國家常菜的一部份，那些本應該回收的廚餘，都變成桌上佳餚調味的重要主角。洋蔥皮，幫助滷肉顏色更美麗，成分更有助降低高血壓；蔥根，增添高湯好風味，可以使冷底身體由內部溫暖；洗米水，大醬湯的好朋友，也含有各種養分。全食材的利用是韓國家常菜的特色。

韓式高湯

昆布 다시마

韓國昆布與日本昆布製作過程相似，使用方法也一樣，都是先泡水、再煮湯，通常作為基礎高湯使用。

作法

昆布 ·······················10x16cm 一片

水 ·····························1100~1200ml

昆布泡於水中約 30 分鐘，開火燒煮，滾後馬上取出昆布即可。

小魚乾 멸치

韓國拿來做小魚乾的通常是鯷魚或沙丁魚，購買時，越大隻的越貴，大隻魚乾所熬的湯頭較為濃郁，小隻魚乾除了熬製高湯，也經常做為小菜。

作法

小魚乾 ······························20g

水 ···································800ml

小魚乾浸於水中約 30 分鐘，開火燒煮，滾後轉小火，再煮約 5 分鐘即完成。

在韓國，昆布高湯或小魚乾高湯是最常見的基本高湯，其它可以當做韓式高湯的食材還有洋蔥、大蔥、白蘿蔔、乾香菇等等，每個家庭的運用方式不同或因料理而調整高湯成份，常見的有昆布高湯加小魚乾高湯、或白蘿蔔放入已經煮好的昆布高湯中，再次熬燉為白蘿蔔昆布高湯。

明太魚乾 건어포류

明太魚也有翻譯為黃太魚，是鱈魚的一種，捕獲後去掉內臟，風乾製成，風乾的魚肉通常煮成湯品，魚頭可拿來熬製高湯，台灣可買到明太魚的風乾魚肉乾，。至於韓國料理中，熬製高湯的明太魚乾頭或明太魚身，則只能在韓國的傳統市場買到。明太魚頭或明太魚身不是常見的高湯材料，可以使用濃度較高的小魚乾高湯來代替。

食譜說明

1. 如食譜內的醬油沒有特別說明，則均使用韓國釀造醬油，如果同時有釀造醬油與湯醬油，則涼拌與湯品的醬油請改為湯醬油，但釀造醬油與湯醬油鹹度不同，故請於烹調時自行斟酌份量。

2. 食譜內的麻油均使用韓國麻油，如果可以的話，請盡量使用韓國產麻油，做出的味道，尤其涼拌料理，會更貼近韓國當地的口味。

3. 關於料理酒，如果買不到韓國料理酒，則請使用日本清酒代替。

4. 如本書中 (P.28)，辣椒粉於料理中的運用，烹飪料理較常使用中粒辣椒粉，台灣容易買到粗粉與細粉，如買不到中粉，則可使用粗粉再研磨即可。

5. 本書食譜中所寫的苦椒醬，為韓國的糯米辣椒醬，台灣翻譯為辣椒醬，大醬與韓國辣椒醬在台灣非常普遍，可在台灣各大超市買到。

6. 本書中的白芝麻為韓國產白芝麻，如果買不到，可以使用台灣白芝麻，不過使用前須先乾鍋焙煎，日本進口白芝麻則有已焙煎的小包裝，進口超市可買到。

7. 白蘿蔔與白菜是韓國料理中的重要蔬菜，台灣夏季炎熱，產出的白菜與白蘿蔔量少質不佳，故於夏季時，建議選購來自日、韓的白蘿蔔或大白菜。

8. 韓國料理因泡菜、涼拌而需要做藥念 (調味醬)，因為調味醬含有大量蒜頭、辣椒等，對皮膚較為刺激，建議做藥念或泡菜時，均戴手套進行。

9. 韓國食材較易在進口超市買到，或者請直接網路選購，生鮮之外的乾貨、調味料均可在台灣的網路商店購買到。

用愛詮釋的料理，讓高媽媽與我的心靈更加溫暖靠近。

首爾，清涼里站，我亦步亦趨、偶爾小跑步地跟在賢圭後面，賢圭提著我的行李，走得急的他，怕趕不上火車鐘點，我只能顧著他的後腦勺，到現在，清涼里站長相如何則是一片空白。賢圭，是好朋友的學生，幾年前到台灣攻讀碩士，回到韓國兩、三年了，出發前幾個月，好朋友替我聯絡賢圭，安排我跟他母親學習韓國家常菜，賢圭對於自己那傳統的媽媽非常有信心，說媽媽的菜不只美味，媽媽什麼都會做，而且任何食物都自己動手做。

於是，我跟著他，坐上 KTX 韓國高鐵，從首爾一路到他父母親所住的春川，時值中秋假期，KTX 早就沒座位了，賢圭把自己的座位讓給我，他則靠著行李箱、小心地坐著，我告訴他，我可以站著，他搖搖手，又順手遞給我一瓶玉米鬚茶，是韓國女生喜愛的飲料。

玉米鬚茶喝完時，也到了春川，高爸爸來接我們，高家不住在春川熱鬧的車站附近，而是開車距離約十五至二十分鐘、滿滿綠意的郊外，自從高爸爸生病後，高家父母

就從仁川搬至此地，風光明媚、空氣清新，好讓高爸爸養病，我見高爸爸精神極好，想來春川的環境與高家食物，確實有很好的效果。

一進家門，高媽媽正煮著中飯，我們一陣寒暄時，高媽媽只是略微停頓，一邊說話一邊順手地準備食物，賢圭問我馬上跟著學嗎？當然是！我快速地記錄著，手、眼、舌、鼻很忙碌。午餐快做好時，高家人開始動起來，把客廳的桌子移到旁邊，搬來兩張飯床[註1]，因為全家都回來過中秋節，一張飯床是不夠的，兩張一大一小的飯床上，擺滿各種泡菜、涼拌菜、醬菜與小菜，每個人各一碗飯與湯，飯床一下子就全滿，連湯匙、扁筷都沒地方放了，之後的每一餐，我一直找不到放湯匙與筷子的地方，因為高媽媽的泡菜冰箱中，隨時有五十種泡菜、醬菜等著上桌呢！

高媽媽，一位傳統的韓國女性，傳統韓國妻子以夫為天，照顧丈夫的所有一切，高爸爸如同許多韓國傳統男人一樣，從沒進過廚房，許多傳統的韓國家庭，從小教育男孩子不可進廚房，那是女人的工作，賢圭身為家中的長男與獨子，也是這

高媽媽的泡菜冰箱,就像每一個韓國家庭,隨時備著五十幾種的泡菜、醬菜。

樣被教育長大的。他說,家裡廚房的工作一向都是母親與姊姊所做,他被告誡不可以做廚房工作,我笑著回應,到了台灣讀書、自理生活,就自然得下廚了吧!自從高家為了高爸爸搬到到春川養病後,本就是廚藝高手的高媽媽更是在飲食上下功夫,韓國料理本就以養生為概念而發展,到了高媽媽的廚房,一天要吃多少蔬果、哪幾種維生素,她通通記下,努力實踐,在高家的幾天,正餐間,高媽媽隨時準備好少許堅果、或是冰涼鮮番茄、或祛寒熱薑茶,這些給高爸爸補充的,我也跟著受惠。

除了三餐跟著高媽媽學習之外,觀察高媽媽的生活,果然像賢圭說的,任何食物,高媽媽都親自動手做,許多新鮮蔬菜來自住附近的親戚栽種,只要送到高家,高媽媽就開始忙活起來,各種泡菜或醬菜,手裡來、水裡去的,泡菜冰箱就又滿了!陽台的一角,曬著許多食材乾貨,最角落的,有一罈傳統泡菜甕與醬缸,醬缸裡面裝的是高媽媽自己做的大醬,連大醬都親自手作,讓我不禁佩服。在事事方便的年代,超市或傳統市場的大醬多不可數,就像我們不自己做豆瓣醬,而是到超市隨手抓一瓶便是,台灣

任何食物，高媽媽都親自動手做，醬缸裡
裝的正是自製的大醬，正在太陽下曝曬中（請參閱 P.27）。

許多人因為食安問題開始自己動手做食物，但對許多傳統的韓國母親而言，花時間、純手工做各種食品早已內化為生活的一部分。

高媽媽原本對我在她的廚房學習，有點不自在，不習慣相機拍攝，我也擔心我的來訪非常打擾她，隨著時間過去，卻越相處越把我當親人看待。最後一天，中午，她要賢圭開車，帶我去春川有名的冷拌麵餐廳品嚐。回程，又說要帶我去附近水庫觀光，彷彿牽著女兒的手，她緊緊地牽著我，帶著我到處走。那天晚上，我跟高媽媽一起坐火車回

首爾，媽媽要去幫忙照顧大姊的小孩，賢圭繼續留在春川。我擔心語言不相通的我們，不知如何溝通，好在還有手機的翻譯軟體，我告訴她，謝謝她把我當女兒照顧，高媽媽眼眶含淚笑著，她緊緊擁著我的肩膀，到了首爾，腳會痛的她，要我在原地等著，她去幫我買車票，還怕時間不夠，跑了起來，當她氣喘吁吁地把車票交到我手上，又怕車門突然關了，一把推我進車內，連跟她好好說再見的時間都沒有，我們隔著車窗揮手，不能好好道別，是我心裡的遺憾。最後一次到韓國時，因工作纏身，只在離開前

高媽媽

本名：河敬男 Ha Kyungnam
年齡：69 歲（1946 年出生）
料理資歷：51 年
現居地：江原道·春川

才告訴賢圭，他說媽媽老是問我，想知道我過得好不好，我說，會再回去找她，我相信，相見的那一天不會等太久。

註1

飯床，韓國特有的用餐小矮桌，自古韓國人使用飯床吃飯，在歷史劇，如《大長今》中可看到，尤其皇上與皇后的吃飯鏡頭，食物就擺在那張低矮、桌面積不大的小桌子，不過隨著飯床上擺放的食物不同，會有不同的名稱，如皇上、皇后的飯床通常稱為水刺桌，在長達近兩年的韓式料理學習中，我則看過「粥床」與「交子床」。粥床，顧名思義，

是以粥為主角的飯床，粥床原本是皇宮料理，是皇上、皇后醒來的第一餐，演變到現在，可以當作早餐、或者正式早餐前的便餐、也是給病人養病為主的飯床，粥床所搭配的泡菜通常為白泡菜，另會再備一些清淡小菜與調味料，調味料是讓飯床主人自己調配的；交子床則是過年或節慶時所吃的，有一定碟數的泡菜、小菜、主食等，現今如多人聚餐，也會點交子床。在韓國，飯床很容易在賣餐廚雜貨的店買到，我考慮過好幾次，想買一張飯床回台灣，但不是過地板生活的我，不想為了在飯床上吃飯前，要先洗地、刷地個兩回，所以放棄。

醬醃鵪鶉蛋 메추리알 장조림

食材

熟鵪鶉蛋 ……………… 180g

昆布‧‧1 片（約 5cm×10cm）

黑芝麻 ……………… 適量

白芝麻 ……………… 適量

調味料

梅汁（或糖漿）…… 2 大匙

醬油 ……… 40ml ～ 45ml

作法

① 將昆布泡於 200ml 的水中至少 2 個小時。

② 取出步驟 1 的昆布，將昆布水煮滾後，放入所有調味料，續入熟鵪鶉蛋，以小火滾煮約 10 分鐘。

③ 再將鵪鶉蛋連同醬汁放入保存盒中，撒上黑、白芝麻，放涼後，放入冰箱冷藏一個晚上，鵪鶉蛋醃至呈咖啡色即完成（約兩天）。

涼拌紫茄 가지무침

食材

茄子 ……………… 1 條
蔥末 ………… 1/2 大匙

調味料

鹽 ………………… 適量
蒜泥 ………… 1/4 小匙
白芝麻 …………… 適量
麻油 …………… 1 小匙

作法

① 將茄子切成約 5cm 的段狀，再直向對半切。

② 將茄子皮朝下放於蒸鍋或蒸籠內，以大火蒸熟，約 5～7 分鐘。

③ 調理碗內放入所有調味料與蔥末拌勻。

④ 將蒸熟的茄子放入步驟 3 的調理碗一起拌勻即完成。

Tips

● 茄子的紫色如果在加熱後還保持著，不論是菜餚成色或對食用的人來說，都是一件賞心悅目的事，如果要保持漂亮的紫色，不論是水煮或蒸熟，只要不讓茄子皮接觸到鍋子的金屬面及表面空氣，比如說，水煮茄子時，我會在鍋底墊一片耐熱橡膠或竹片，上面也壓一片橡膠片，使茄子完全在水中，如果是使用蒸的方式，那麼，我總是用蒸籠，以大火一下子蒸熟，也能保持漂亮紫色，如果有時間的話，會把蒸好或煮好的茄子，茄肉向下，放在吸水廚房巾上，使水份含量少而更能吸收醬料，也不讓水份稀釋醬料。

涼拌橡子涼糕 도토리묵무침

食材一

橡子粉 ……… 35g
水 ………………… 400ml

食材二

蔥絲 …………………少許

調味醬

砂糖 ………………… 1 小匙
醬油 ………………… 1 小匙
紫蘇油（或芝麻油） 1 小匙
蒜泥 ………………… 1/4 小匙
蔥末 ………………… 適量
白芝麻 ………………… 適量
（也可加入辣椒粉）

作法

① 將橡子粉倒入鍋中，加入冷水拌勻。

② 將步驟 1 移至爐上，煮至滾後，小火煮 1 個小時，途中須不斷攪拌，直到呈濃稠狀。

③ 將步驟 2 倒入容器中，冷卻後即定型，取出，切成片狀。

④ 將調味醬拌勻，再放入涼糕一起拌勻，盛盤後放上一些蔥絲即完成。

韓食小故事

● 在慶尚北道的聞慶地區，種有許多橡樹，將橡子打破後曬乾，以水浸泡，不斷換水去除澀味，最後留下橡子的澱粉。橡子粉可在韓國超市或市場買到，但很少人買橡子粉回家自製橡子涼糕，因為超市與市場有已經做好的橡子涼糕成品，只要買回家，跟醬料拌勻就可以了。高媽媽的橡子涼糕是自製的，涼拌橡子涼糕這樣的菜式，就跟台灣的涼拌綠豆粉皮是相似的料理，在韓國，橡子涼糕或綠豆涼糕也可以是拌飯的食材之一。

清燙蔬菜佐清麴醬 청국장 샐러드

食材

高麗菜 …………… 50g

紅椒 ……………… 40g

黃椒 ……………… 40g

紫洋蔥 …………… 35g

調味料

清麴醬 ………… 1 大匙

辣椒醬 ………… 1 大匙

作法

① 將高麗菜撕成大片狀，紅椒、黃椒、紫洋蔥切大塊狀。

② 起一鍋滾水，蔬菜依種類分批燙過，高麗菜僅燙約 5 ～ 10 秒，其餘蔬菜燙約 20 秒。

③ 將清麴醬與辣椒醬拌勻備用。

④ 將燙好的蔬菜瀝乾水份，與沾醬一起盛盤即完成。

Tips

● 沾醬中的清麴醬與辣椒醬的比例可隨個人喜好調整。

涼拌牛蒡 우영무침

食材

牛蒡 … 1 條（約 110g）

橄欖油 …………… 適量

蒜瓣（整顆）……… 2 顆

調味醬

鹽 ……………… 適量

醬油 …………… 1 小匙

蒜泥 ………… 1/4 小匙

蔥末 …………… 適量

芝麻油 …………… 適量

黑芝麻 …………… 適量

白芝麻 …………… 適量

作法

① 將牛蒡以刀背（或鬃刷）去外表粗皮，洗淨，斜切成厚約 0.5cm 的片狀。

② 將橄欖油倒入平底鍋，加熱，放入牛蒡與整顆蒜瓣翻炒至熟，盛起備用。

③ 取一個調理碗，放入所有調味醬調拌均勻。

④ 續入步驟 2 一起拌勻即完成。

涼拌綠豆芽 녹두아무침

食材

綠豆芽 …………… 80g

調味醬

鹽 ………………… 適量
蒜泥 ………… 1/5 小匙
麻油 …………… 1 小匙
蔥末 ……………… 適量
白芝麻 …………… 適量

作法

① 將綠豆芽燙過後，沖冷水後、擠乾水份備用。

② 將瀝乾水份的綠豆芽放入調理碗內，放入所有調味醬料（除了白芝麻）拌勻。

③ 最後撒上白芝麻即完成。

辣味做法

所有作法如上，只需要在調味醬裡多加入 1/4 小匙的辣椒粉。

Tips

● 綠豆芽燙後，也可不必沖冷水，直接以熱的綠豆芽拌調味料更易入味，但此方法要注意不可燙煮過久。

醃漬芝麻葉 깻잎 김치

食材

芝麻葉 ·············· 10 片
蒜瓣（整顆）········ 2 顆

調味料

白醋 ·············· 40ml
砂糖 ·············· 15g
水 ·············· 25ml
麻油 ·············· 1/2 大匙
醬油 ·············· 10ml

作法

① 將芝麻葉疊放入保存盒內，再放上蒜瓣備用。

② 將調味料（除了麻油）放入鍋中加熱至糖溶解，熄火，再倒入麻油攪拌均勻。

③ 將加熱的醃漬汁倒入步驟 1 的容器中，放涼後，放入冰箱冷藏約 3～4 天入味即完成。

Tips

● 約 3、4 天入味後，若想延長芝麻葉的保存期限，可從醃漬汁中取出，另外放入容器中冷藏保存。

● 吃的時候，以芝麻葉包住一些飯，再一口吃下。

 白泡菜 백김치

食材	醃漬醬	
白菜 ⋯⋯⋯⋯⋯⋯ 半顆	魚露 ⋯⋯⋯⋯⋯ 1 大匙	蔥 ⋯⋯⋯⋯⋯⋯⋯ 2 支
	洋蔥 ⋯⋯⋯⋯⋯⋯ 80g	胡蘿蔔 ⋯⋯⋯⋯⋯ 40g
脫水用	梨子 ⋯⋯⋯⋯⋯⋯ 80g	糯米粉 ⋯⋯⋯⋯ 1/4 杯
鹽 ⋯⋯⋯⋯⋯⋯ 適量	蒜泥 ⋯⋯⋯⋯ 1/2 小匙	水 ⋯⋯⋯⋯⋯⋯ 1/2 杯

作法

① 將洋蔥、梨子打成泥，胡蘿蔔切絲，蔥切細絲。

② 白菜對切，白菜頭切入至一半深度。將整個白菜都撒上鹽，葉片之間也需撒鹽，靜置 6 小時後翻面，再靜置 6 小時即可沖洗，瀝乾水份備用。

③ 將糯米粉和水放入鍋中，以小火熬煮，途中需不斷攪拌避免黏鍋，煮至呈糊狀，放至冷卻備用。

④ 調理碗中倒入步驟 3、洋蔥泥、梨子泥、蒜泥、蔥絲、胡蘿蔔絲、魚露，抓拌均勻，即完成醃料。

⑤ 將醃漬醬塗滿洗淨瀝乾的白菜，每一片葉子都需塗到醃漬醬。

⑥ 將塗好醃漬醬的白菜放入密封容器中，再放入冰箱冷藏使其發酵。（至少三～四天）

Tips

- 白菜鹽醃脫水的作業需要在正式醃製前一天進行，如果是在夏天鹽醃，時間可以縮短。

- 台灣天氣炎熱，溫度高不易控制，故均放入冰箱冷藏，使其慢慢發酵，如果想加快速度，夏天時，可先放於室溫半天，冬天可放於室溫一天，再移入冰箱冷藏。

煎餅拼盤 파전

（魚片、芝麻葉、蓮藕 생선, 깻잎, 연근）

食材

鯛魚片 ···················· 1 片
芝麻葉 ···················· 6 片
蓮藕 ······················· 100g

煎餅糊

煎餅粉 ···················· 125g
水 ························· 210ml
鹽 ························· 2g

沾醬

A.

白醋 ························· 8ml
釀造醬油 ·················· 7ml
砂糖 ······················· 1 小匙
白芝麻 ···················· 適量

B.

大醬 ············ 1 又 1/2 大匙
苦椒醬 ············· 1/2 大匙

作法

① 將 A、B 兩種沾醬的材料分別調拌均勻備用，B 的沾醬可以直接使用包飯醬。

② 將魚片切成約 7cm 見方，蓮藕去皮切成厚約 0.6cm 的片狀。芝麻葉洗淨，擦乾水份備用。

③ 將煎餅粉加水，放入一點鹽調味，攪拌調成煎
　餅糊備用。

④ 將蓮藕片、魚片沾裹煎餅糊，放入鍋中煎至兩
　面金黃即可。

⑤ 2 片芝麻葉一起沾裹煎餅糊，放入鍋中煎至兩
　面金黃即可。

串煎 혼합파전

食材

鱈肉棒（或魚板）‥3 條
杏鮑菇（或鴻喜菇）1 條
紅椒 ……………… 20g
青椒 ……………… 20g
黃椒 ……………… 20g

煎餅糊

煎餅粉 ………… 125g
水 …………… 210ml
鹽 …………………… 2g

沾醬

白醋 ……………… 8ml
釀造醬油 ………… 7ml
砂糖 …………… 1 小匙
白芝麻 …………… 適量

作法

① 將煎餅粉加水，放入一點鹽調味，攪拌調成煎餅糊備用。

② 將杏鮑菇、紅椒、青椒、黃椒切成寬 1cm 的細條狀。

③ 用牙籤依序將杏鮑姑、黃椒、紅椒、青椒、鱈肉棒、青椒、黃椒、紅椒串起備用。

④ 將步驟 3 沾裹煎餅糊後，放入鍋中煎至兩面金黃即完成。

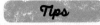

● 注意沾裹麵糊的時候，不需要沾太厚，讓麵糊稍微透出食材的顏色，成品會更加漂亮。

香燉豬排骨 돼지 갈비찜

(食材)

豬排骨（或豬小排）600g

(醃漬醬)

水梨泥	100g
洋蔥泥	80g
蘋果泥	100g
紅棗	5～6顆
薑末	1大匙
蒜泥	1小匙
醬油	3大匙
砂糖	1大匙
梅汁	1大匙
紅辣椒	半支
青辣椒	半支
大蔥	1支
辣椒粉	1大匙
白芝麻	適量

(作法)

① 將紅、青辣椒斜切片，大蔥斜切片。

② 取一個調理碗，放入豬排骨，再放入所有的醃漬醬料，抓拌均勻。

③ 醃製至少1個小時，或放入冰箱冷藏半天。

④ 將豬排骨與所有醃料放入鍋中，倒入30～40ml的水，以大火煮滾後，轉中小火燜煮30～40分鐘即完成。（燉煮中途如水燒乾，可再添加水）

醬煮牛肉 불고기

食材

牛肉燒烤片 ········ 350g

洋蔥 ················ 90g

胡蘿蔔 ··········· 35g

蔥（或大蔥）·············
3 支（若是大蔥，則 1 支）

新鮮香菇（或其他菇類）
···················· 2 朵

醃漬醬

蒜泥 ············· 1 小匙
薑末 ············ 1/2 小匙
栗子末 ······· 25 ～ 30g
梅汁 ············· 2 大匙
麻油 ············· 15ml
醬油 ············· 4 大匙
黑胡椒粉 ·········· 適量
黑芝麻 ············· 適量

作法

① 將洋蔥切約 1cm 的粗絲，胡蘿蔔切細絲，蔥切段，香菇去梗切約 0.7cm 片狀。

② 取一個調理碗，將所有醃漬醬調拌均勻，再放入牛肉與蔬菜抓拌均勻，以保鮮膜密封好放入冰箱冷藏，至少 30 分鐘，隔夜無妨。

③ 將牛肉、蔬菜連同醃汁放入鍋中，倒入 40ml 的水，以大火煮滾後，轉中火燉煮，煮至湯汁略微收乾即完成。

Tips

● 此道菜為韓式烤牛肉，韓文 Bulgogi，在餐廳通常是放於鐵板上燒烤，家庭式作法人人不同，有的家庭使用便利的卡式瓦斯爐加上不沾烤盤，高家則直接以鍋子在瓦斯爐上燒烤完成。

牛奶蒸鯖魚 고등어 우유 찜

食材

鯖魚 … 1 尾（約 180g）
馬鈴薯 …………… 135g
蔥末 ……………… 少許
牛奶 ……………… 85ml

調味醬

醬油 ……………… 1 大匙
清酒 ……………… 1 大匙
辣椒粉 … 1 又 1/2 小匙
蒜泥 ………… 1/2 小匙
薑末 ………… 1/2 小匙

作法

① 將馬鈴薯去皮切約厚 1.5cm 的片狀。

② 鯖魚洗淨，切成大塊狀，如果使用的是小隻的鯖魚可以不切，先以牛奶浸泡去腥。

③ 將所有調味醬料調拌均勻備用。

④ 將馬鈴薯片鋪在容器上，再放上鯖魚，淋上步驟 3。

⑤ 放入蒸鍋蒸熟（視魚的大小，小的約 8 分鐘，大的約 10 ～ 12 分鐘）後取出，撒上蔥末即完成。

大醬湯 된장찌개

食材

昆布 1 片（約 10cm×20cm）

小魚乾 ⋯⋯⋯⋯⋯⋯⋯ 5g

白蘿蔔 ⋯⋯⋯⋯⋯⋯⋯ 40g

馬鈴薯 ⋯⋯⋯⋯⋯⋯⋯ 50g

杏鮑菇 ⋯⋯⋯⋯⋯⋯⋯ 1 支

洋蔥 ⋯⋯⋯⋯⋯⋯⋯ 40g

櫛瓜 ⋯⋯⋯⋯⋯⋯⋯ 30g

香菇 ⋯⋯⋯⋯⋯⋯⋯ 3 朵

豆腐 ⋯⋯⋯⋯⋯⋯⋯ 40g

調味料

大醬 ⋯⋯⋯⋯⋯⋯⋯ 35g

作法

① 將香菇、杏鮑菇切粗條，白蘿蔔、洋蔥切粗絲，馬鈴薯切小塊，櫛瓜切 1cm 厚再分切成 4 等份，豆腐切小方塊備用。

② 將昆布、小魚乾先泡於 500ml 的水中至少半小時，以大火煮滾後轉小火，煮約 20 分鐘。

③ 放入步驟 1，煮滾後轉小火，煮約 5～10 分鐘。

④ 最後加入大醬調味即完成。

Tips

- 以洗米水煮大醬湯，是美味升級的小方法。洗米時，第一次的洗米水比較髒；倒掉不用，可用第二輪、第三輪的洗米水。

醬燒豆腐 간장 두부조림

食材

豆腐 ⋯⋯⋯⋯⋯⋯ 80g

蔥末 ⋯⋯⋯⋯⋯⋯ 1 支

麻油（塗抹用）⋯⋯ 適量

調味醬

醬油 ⋯⋯⋯ 1 又 1/2 大匙

梅汁 ⋯⋯⋯⋯⋯⋯ 1 大匙

水（或昆布水或昆布高湯）

⋯⋯⋯⋯⋯⋯⋯⋯ 45ml

辣椒粉 ⋯⋯ 1 又 1/2 小匙

白芝麻 ⋯⋯⋯⋯⋯ 適量

麻油 ⋯⋯⋯⋯⋯ 1/2 大匙

蒜泥 ⋯⋯⋯⋯⋯ 1/2 小匙

作法

① 將所有調味醬料放入調理碗中拌勻備用。

② 將豆腐切約厚 1.5cm 的片狀。

③ 在鍋內塗上一層麻油，再倒入 1/3 份量的步驟 1 調味醬，鋪上豆腐片，淋上剩下的調味醬。

④ 將鍋移至爐上，開火燜煮，煮至湯汁收乾至一半，起鍋前撒上蔥末即完成。

黃太魚湯 북어국

食材（3～4人份）

昆布⋯⋯1片（約10x20cm）

黃太魚乾 ⋯⋯⋯⋯⋯⋯ 15g

白蘿蔔 ⋯⋯⋯⋯⋯⋯ 40g

杏鮑菇 ⋯⋯⋯⋯⋯⋯ 1支

乾香菇 ⋯⋯⋯⋯⋯⋯ 3朵

洋蔥 ⋯⋯⋯⋯⋯⋯⋯ 30g

蔥末 ⋯⋯⋯⋯⋯⋯⋯ 1支

薑末 ⋯⋯⋯⋯⋯⋯ 1/4小匙

調味料

蒜泥 ⋯⋯⋯⋯⋯⋯ 1/2小匙

鹽 ⋯⋯⋯⋯⋯⋯⋯⋯ 適量

作法

① 昆布、黃太魚乾、乾香菇分別泡水，至少泡4個小時（或前一晚作業）。

② 白蘿蔔切成短粗絲，杏鮑菇、香菇切絲，洋蔥切細絲。

③ 將昆布水（約380ml）大火煮滾後，以小火續煮約10分鐘後，取出昆布。

④ 倒入黃太魚乾水續煮，黃太魚以手撕成細絲，也放入鍋中同煮，約15分鐘。

⑤ 放入步驟2的蔬菜，滾煮約10～15分鐘。放入蒜泥、鹽調味。

⑥ 起鍋前放入薑末與蔥末即完成。

Tips

- 如果想要讓湯上一點醬色，調味時，可以將鹽換成湯醬油。
- 可以使用洗米水來煮湯。
- 黃太魚、乾香菇泡水請勿使用過多的水，只要淹過食材即可。

小芋頭牛肉湯 토란 소고기

食材

小芋頭 …………… 135g

煮湯用牛肉 ……… 190g

白蘿蔔 …………… 55g

洋蔥 ……………… 50g

蔥末 ……………… 1 支

昆布小魚乾高湯 … 400ml

（作法請參閱 P.30）

調味料

醬油 ………… 1/2 大匙

蒜泥 ………… 1/2 小匙

鹽 ………………… 適量

作法

① 將小芋頭削皮後，泡於水中備用。

② 白蘿蔔分切成 4 等份，洋蔥切絲。

③ 將牛肉先泡水約 30 分鐘，再放入高湯中，以大火煮滾後轉小火，煮約 30 分鐘。

④ 取出牛肉，以手撕成細絲，再放回鍋中。

⑤ 加入小芋頭、白蘿蔔、洋蔥，煮約 20 分鐘或至小芋頭軟化。

⑥ 以醬油、鹽、蒜泥調味後，起鍋前撒上蔥末即完成。

Tips

- 煮肉前泡於水中，是韓食文化中的基本烹飪技巧，主要是為了去除血水。

- 韓國的市場或超市，買牛肉時，可以特別選擇「煮湯用牛肉」，通常都是瘦肉，台灣無此分類，可以買瘦肉，也可以買稍微帶點油花的肉排來煮。

多穀飯 오곡밥

食材

黑米	1 大匙
麥	1 大匙
燕麥	1 大匙
蕎麥	1 大匙
花豆	1 大匙
大紅豆	1 大匙
白米	約 1 杯

作法

① 將所有材料泡水約 2 個小時。

② 將步驟 1 和洗淨的白米放入電鍋中，放入同等比例的水，煮熟即完成。

Tips

- 韓國許多家庭都吃多穀飯，超市中生米區可以看到各種穀類組合，品項多過純白米，喜歡哪一種穀類，也可以自己針對需求購買，像我廚房中的各種穀類，都是分開買的，按心情或身體需求，每次放不一樣的穀類。韓國很受歡迎的麥飯，也是我喜歡的，是在首爾的餐廳吃到的，因為不是在韓國媽媽的廚房所學，所以本書中沒有放入，不過，麥飯在我廚房出現的比例多過穀物飯。調配各種穀類時，全部的穀類加起來，比例最好低於白米，最多，穀類與白米一比一的比例，白米比例稍高，多穀飯才會好吃。

韓國人的中秋節——吃松餅（松年糕）

中國人中秋節吃月餅，韓國人則在中秋節時，享用松餅。[註2] 我問過幾個韓國朋友，大家都表示，現在都是在市場或超市買松餅，很少人自己做松餅，可不是嗎？如果不是食品安全有疑慮或對烘焙有興趣，我們不太自己做月餅，高媽媽連松餅也自己動手做。

如果只做幾個的小份量松餅，應該不費事，我就看過電視節目邀請韓國青春美少女，為大家示範做松餅，美少女看起來很輕鬆，但高媽媽的松餅份量很大，水份含量很少

的糯米糰，要搓揉成型，需要費很大的力氣，高媽媽使勁地搓揉時，豆大的汗珠都跑出來了，媽媽分給我一小團，讓我也跟著做，哇！真的得用盡力氣，我跪坐在地板上，用全身力氣壓著糯米糰，但僅僅只有我的指印被壓入糯米糰，媽媽一邊做一邊加少量的水，屬於傳統韓果之一的松餅，與其他糯米製韓果一樣，水份含量很少，所以可以在室溫下保存多天，看到媽媽這樣費力，我問賢圭幫媽媽揉糯米糰，大男人的他，第一次做，也說好費勁，我們做這麼大份量的糯米糰，花超

過一小時，將水份很少的糯米糰不斷地揉捏成稍微軟化，變成可以包餡料的米糰。

這時，大家又全員出動，搬出飯床，高媽媽準備著餡料，是非常簡單的兩種餡料，一碗是白芝麻粉加黃砂糖，就像台灣的芝麻麻糬內一樣的餡，另一碗是市場或超市處處可見、去掉外殼削掉皮的生栗子。大家一邊看電視一邊閒聊，圍坐著飯床，包起松餅來，高媽媽不時調整我的手勢，讓我包出跟她差不多的松餅，這時讓大家驚訝的事發生了，高爸爸大概看我們太和樂融融，沒想到，他瞅著我們一陣子後，

也坐下來一起包，高媽媽笑得好開心，賢圭告訴我，這是一生沒進過廚房的高爸爸第一次動手呢！賢圭說，可能是因為我來做客學習的關係吧！

把餡料包入松餅不是很容易，因為糯米糰很硬，不像台灣麻糬皮那樣軟Q，一個不小心，餅皮就斷裂，雖有兩碗餡料，不過高媽媽有時也在芝麻餡中再放入一顆栗子，我邊包邊揣摩松餅的滋味，很想快點吃到，但工序沒那麼簡單，都包完後，已經晚上九點、十點了。大家分別去休息時，高媽媽抬出大蒸鍋，蒸鍋底部先鋪上布，布上面放滿松針

（這就是松餅名字的由來，放入松針同蒸，是要松餅吸收松針的香氣），然後把松餅放入排列好，大蒸氣地蒸松餅。

賢圭告訴我，隔天早上就可以吃了，因為松餅是放涼了後享用的，一鍋蒸不了幾個，我不知高媽媽忙到幾點，只是隔天的早餐，又是一桌滿滿的豐盛，吃早餐前，媽媽跟賢圭就先端來松餅讓我嚐嚐，松餅放涼後，還要刷上一層很薄的麻油，好讓松餅皮不被風乾，松餅本身有點硬，咬感很重，因為糯米糰本就水份含量很少，是需要咀嚼的「麻糬」，硬度只比乾燥的年糕軟，

如果是栗子口味的松餅，則更需要好牙口。松餅吃來是什麼風味？就想像是我們放到變硬的芝麻麻糬吧！

註 2
韓國最重要的節日如同台灣一樣，是採用陰曆的春節、端午節、中秋節，更早以前，還過一個寒食節（冬至後第 105 天），現今大概只有某些鄉下地區還有過寒食節的習慣；這三大節中，跟台灣一樣，最重要的當然是春節，次重要的節日為中秋，如果中秋節到韓國觀光旅遊，會發現許多餐廳或商店在中秋節都連休兩天或中秋過後休息，所以旅遊的話避開大節日為佳。

CHAPTER 2 대만

旅台韓媽媽的好客餐桌

熱情的韓媽媽
善用台灣食材，
演繹道地的韓國滋味。

刻意在應該要開課的日子，沒有安排課程，我來到不熟悉的永和，從捷運站出來，往韓媽媽家的路上，對於要進入韓國家常菜的學習，我有點忐忑，雖然料理的技巧與基礎有一點厚度，但對一知半解的領域，我仍帶著虔敬的心情，所幸，韓媽媽與韓爸爸的好客與熱情，化解了我的不安。

韓媽媽的餐桌，不是台灣千萬家庭餐桌上那些台式熱炒、或色重味濃的外省菜，而是以台灣本地食材做出的韓國家常菜。韓媽媽，出生成長於韓國，到台灣求學後，在這裡落地生根，如同許多遊子一樣，將自己的家鄉菜、家常味，在異國的餐桌變出來，飽含的思鄉情緒一一融入每一道菜餚裡，我特別有興趣的是，韓媽媽如何使用台灣食材演繹韓國料理。

跟著韓媽媽學做菜時，勤儉的韓媽媽從不浪費任何細碎的食材，我將白蘿蔔或胡蘿蔔的頭切掉後，想順手丟掉，被韓媽媽快手撿回，她努

換上韓媽媽為我準備的韓國媽媽必備的韓式圍裙，跟著她
在廚房學習，一起品嚐的那幾個午後，我永遠銘記在心。

力地將枝梗頭以外的，繼續削乾淨。我有點羞赧，後來，我去過更多韓國母親的廚房，才發現，許多韓國媽媽都是這樣完全不浪費任何食材，這源於韓國的天氣寒冷，高緯度的風土氣候比台灣嚴苛，不像處於亞熱帶的台灣，有多樣食材與蔬菜，尤其葉菜類，韓國的蔬菜多屬於耐寒的根莖蔬菜、或像是大白菜這種耐寒蔬菜。

春夏的韓國傳統市場，可見到較多種的蔬菜，若以台灣人眼光來看，會以為來到野菜市場，如同台灣一樣，傳統市場的攤位，從街上的小攤延伸到市場內，到處都是我認為在陽明山或溪頭山上才會採到、吃到的野菜，關於完全利用食材或食材保存，從韓國到處都買得到的乾燥蔬菜可見端倪，古人利用春夏秋所採到的蔬菜，曬乾收藏，好在每一季都能吃到，而曬乾的某一些蔬菜，是台灣人可能不吃、丟棄的部分，比如，芋頭莖，台灣市場只見到碩大芋頭，什麼芋頭莖？都市人見都沒見過，早在進入市場前就被

丟棄，或者白蘿蔔的葉子，也是在進入賣場前就處理掉，如果不是近年來養生飲食的推廣，身為好物的蘿蔔葉根本就買不到，現在也僅在有機超市才能買到蘿蔔葉。

韓媽媽愛煮也會煮，韓爸爸好客朋友多，他們兩人樂於分享，韓家常年有許多聚會，韓爸爸的同事、朋友，女兒的同學們，韓媽媽的姊妹淘等，韓家來來去去的客人真是多啊！大家都為了吃韓媽媽的韓國料理而來，偶爾也有朋友央求韓媽媽教料理而到她的廚房學習。在《大長今》風靡台灣時，甚至有五星級飯店聘請韓媽媽到飯店現場表演示範韓國料理；每年的大白菜季節到來時，韓媽媽的廚房與飯廳就是泡菜工廠，做出來的泡菜送到許多朋友的家裡，這是韓媽媽每年的大事之一，韓媽媽說，甚至為了在家裡的飯廳吃韓國烤肉，飯廳的油漆可是年年更新，一定要在過年前粉刷一次，為了吃韓國烤肉，不惜讓燒烤油煙充滿飯廳、延伸到客廳或房間，我大概很難做到。

每一次的料理學習前，韓媽媽
總會溫暖地問我：「想學些什
麼呢？想吃什麼啊？」

攝影／林威良

身為異鄉人的韓媽媽，做菜時常聊
起住在韓國的母親，許多韓國食
材，都是回韓國時，母親準備好的，
我了解！自從我住到台北，媽媽或
爸爸常常煮這個熬那個，東市西市
到處採買打包，備好冷凍。早年時，
常常大包小包帶來台北給我們幾個
姊妹，偶爾以郵件寄來，我們很少
錯過台南家裡的美味或台南小吃。
後來，不希望他們這麼辛苦，都是
回台南時，才自己拎上台北。

韓媽媽做著涼拌菜時，拿出辣椒

粉，說是母親種的辣椒，再拿到坊
間請人磨成粉，許多食材，都來自
媽媽，跟我一樣是女兒賊，除了韓
國的母親是飲食顧問，韓媽媽的婆
婆也教她許多料理，韓媽媽煮著煮
著，會說：「我婆婆說要這樣做！」
「我婆婆說要那樣做！」，兩位
媽媽都是她的老師，一邊是自小吃
到大的韓國料理，一邊是擅廚藝的
外省婆婆，韓媽媽的菜有時融合兩
邊，比如她曾教我的醬牛肉，其實
是擷取這兩種不同料理的技巧與優
點，韓國料理中，煮肉之前，一定

韓媽媽

本名：柳鍾美
年齡：61 歲（1955 年出生）
料理資歷：30 年
現居地：台灣·台北永和區

會將新鮮的肉泡在冷水中數小時，為的是去掉血水。對台灣人來說，這可稀釋了肉的精華美味，應該要汆燙去血水才對，韓媽媽煮肉類之前，並不泡冷水，也不汆燙，她說，汆燙的水也是精華。她使用慢火，慢慢煮肉，我仔細記錄，回想自己所學到的韓國料理技巧，了解韓媽媽對待食材的堅持與優點運用。

幾次到韓家學習料理，熱情的韓爸爸也總會加入、與我們聊天，更愛拿出他特製的人蔘酒，要我們一起乾杯，韓國人喜歡招待朋友，在台灣台北的韓家，隨著韓國料理一起展現，也因為韓家人對韓國料理的堅持與待客之道，才會無條件接受這樣的我，進入他們的家庭，學習韓國家常菜。希望下次去探望韓媽媽時，可不要又聽到她爽朗的口氣：「妳怎麼那麼久沒來找我？」那真真是不好意思啊！

涼拌海帶芽 미역초무침

食材

海帶芽（乾燥）……… 10g

小黃瓜 …………… 50g

水梨 ……………… 50g

調味醬

蒜泥 ……………… 3g

紅辣椒 …………… 適量

白芝麻 (炒過) …… 適量

醬油 …………… 1 小匙

白醋 …………… 2 大匙

砂糖 …… 1 又 1/2 小匙

香油 …………… 1 大匙

作法

① 將海帶芽泡水至軟，撈起瀝乾，擠乾水份備用。

② 將小黃瓜切成細絲，水梨切成細絲，辣椒切成細絲。

③ 取一個調理碗，放入海帶芽、小黃瓜絲、水梨絲、辣椒絲以及所有調味醬料，抓拌均勻即完成。

Tips

● 涼拌菜可以一次做好 3 ～ 4 天份，以保鮮盒保存冷藏，想吃的時候可以馬上取用，非常方便，與日本的常備菜概念相同。

● 將涼拌海帶芽、涼拌豆芽菜、涼拌蘿蔔絲鋪在白飯上，中間放一顆生蛋黃，均勻攪拌就是一道簡易的韓式家常拌飯。

涼拌透抽 오징어초무침

食材一

透抽 …… 1 尾 (約 220g)
洋蔥 …………… 30g
胡蘿蔔 ………… 35g
黃椒 …………… 30g
小黃瓜 ………… 30g

食材二

香油 …………… 2 小匙
白芝麻（炒過）…… 適量
蔥 ……………… 1 支

調味醬

蒜泥 …………… 3g
醬油 …………… 1 小匙
辣椒粉 … 1 又 1/2 大匙
砂糖 …………… 1 小匙
白醋 …………… 2 大匙

作法

① 將透抽洗淨，切成寬 1cm 的圈狀，放入滾水汆燙，撈起過冷水備用。

② 將洋蔥切絲泡水備用，胡蘿蔔切絲，小黃瓜切絲，黃椒切絲，蔥切絲。

③ 將所有調味醬料調拌均勻。

④ 取一調理盆，放入切絲的食材一與步驟 3 的調味醬，抓拌均勻。

⑤ 續入食材二之白芝麻、香油及蔥絲，拌勻即完成。

油菜泡菜 유채김치

食材

油菜 ·············· 400g

蔥 ················· 2 支

脫水用

鹽 ················· 適量

醃漬醬

蒜末 ············ 1/2 小匙

薑末 ············ 1/4 小匙

魚露 ······ 1 又 1/2 大匙

辣椒粉 ············ 1 大匙

砂糖 ······· 1 又 1/2 大匙

作法

① 將蔥切成約 4cm 的段狀。

② 將油菜的梗縱向對半切,放入調理盆,加入鹽抓拌,靜置約 3 個小時至軟。

③ 待油菜出水後,倒掉水,以清水沖洗 2 次,擠乾水份,切成 4cm 的段狀。

④ 將所有調味醬料調拌均勻。

⑤ 再放入油菜,用力捏壓油菜,使醃漬醬入味,在室溫下靜置半天,使其發酵,再移入冰箱約一天,即可食用。

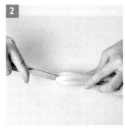

Tips

• 約一星期內食用完畢為佳;如有像泡菜冰箱可調控溫度如 -2 至 0℃ 間,則可延長保存至二週。

炒小魚乾 멸치볶음

食材

小魚乾 ················ 30g

青陽辣椒 ············· 20g

調味料

紅蔥頭末 ······· 1/3 小匙

蒜泥 ············· 1/3 小匙

薑末 ············· 1/3 小匙

醬油 ··············· 1 大匙

砂糖 ······· 1 又 1/2 大匙

白芝麻 (炒過) ······ 適量

作法

① 將小魚乾以 50ml 的熱水浸泡。

② 將青陽辣椒切成圓片。

③ 油以小火熱鍋,放入薑末、蒜泥、紅蔥頭末爆香。

④ 續入青陽辣椒拌炒,炒至軟後,放入小魚乾及泡魚乾的水,炒至收乾水份。

⑤ 加入醬油、砂糖調味,再拌炒約 1 分鐘。

⑥ 熄火,撒上白芝麻,放涼即可食用。

Tips

- 拌炒時,如放入稍微多一點的油,可以延長這道菜的保存期限。
- 如果嗜吃辣的人,可以加入紅辣椒一起拌炒。

涼拌菠菜 시금치무침

(食材)

菠菜 ⋯⋯⋯⋯⋯ 450g
鹽(燙菠菜用)⋯⋯ 適量

(調味醬)

蒜泥 ⋯⋯⋯⋯ 1/2 小匙
醬油 ⋯⋯⋯⋯⋯ 2 小匙
砂糖 ⋯⋯⋯⋯ 1/2 小匙
辣椒粉 ⋯⋯⋯ 1/2 小匙
香油 ⋯⋯⋯⋯⋯ 1 大匙
白芝麻 (炒過) ⋯⋯ 適量

(作法)

① 將菠菜洗淨,切掉根部。

② 以先梗後葉的順序,放入加鹽的滾水中燙至熟軟。

③ 撈起泡冷水後,擠乾水份,切成 4cm 的段狀。

④ 調理碗中放入所有調味醬料,拌勻後放入菠菜,抓拌均勻即完成。

鯖魚燉蘿蔔 고등어 조림

食材

鯖魚 …………………… 1 尾
白蘿蔔 ………………… 350g
蔥 …………………… 1~2 支
紅辣椒 ………………… 1 支
青辣椒 ………………… 1 支

調味醬

蒜泥 …………………… 1 小匙
醬油 …………………… 1 大匙
辣椒粉 ………………… 2 小匙
苦椒醬 ………………… 2 大匙
砂糖 …………… 1 又 1/2 小匙
清酒 …………………… 1 大匙

作法

① 將鯖魚的頭部和尾部切掉後，切掉魚鰭，再分切三至四小片。

② 將白蘿蔔切成厚度約 1cm 的圓片狀。

③ 將蔥切成 4cm 的段狀，紅辣椒和青辣椒斜切片。

④ 將白蘿蔔片鋪在鍋底，再放上鯖魚片。

⑤ 將所有調味醬料和 80ml 的水調拌均勻，再倒入鍋中，以中火燉煮約 15 ～ 20 分鐘。

⑥ 起鍋前，再放入蔥段和辣椒片，燜煮約 1 分鐘即可。

辣炒透抽 오징어볶음

食材一

透抽 … 1 尾（約 180g）

洋蔥 ………………… 50g

胡蘿蔔 ……………… 45g

青辣椒 ……………… 適量

麻油（拌炒用）…… 適量

食材二

蔥 ………………… 2 支

辣椒 ……………… 適量

白芝麻（炒過）…… 適量

調味醬

蒜泥 ……………… 1 小匙

醬油 ……………… 1 小匙

苦椒醬 …………… 25g

辣椒粉 …………… 1 小匙

黑胡椒粉 ………… 適量

砂糖 ……… 1 又 1/2 小匙

作法

① 將透抽洗淨，再切成寬約 1.2cm 的圈狀，頭部對半切。

② 將蔥切段，紅辣椒、青辣椒斜切片，洋蔥切粗絲，胡蘿蔔切絲備用。

③ 倒入麻油熱鍋，放入胡蘿蔔絲、洋蔥絲拌炒，續入透抽。

④ 將所有調味醬料和 10ml 的水調拌均勻後，倒入鍋中一起拌炒。

⑤ 續入食材二的蔥段和辣椒片，稍微拌炒即可起鍋，盛盤後再撒上一些白芝麻即完成。

辣燉馬鈴薯 감자 고추조림

食材

馬鈴薯 ………… 約 270g

洋蔥 ……………… 半顆

蔥 ………………… 1 支

麻油（拌炒用）…… 適量

調味醬

蒜泥 ………… 1/2 小匙

醬油 ………… 1/2 大匙

辣椒粉 ………… 2 小匙

苦椒醬 ……… 1/2 大匙

砂糖 …………… 1 小匙

白芝麻（炒過）…… 適量

作法

① 將馬鈴薯削皮、切塊。

② 將洋蔥切成 1cm 的粗絲，蔥切約 3cm 的段。

③ 倒入麻油熱鍋，放入洋蔥片、蔥段、蒜泥炒香。

④ 續入馬鈴薯塊拌炒。

⑤ 倒入所有的調味醬料（白芝麻除外）和 100ml 的水，蓋上鍋蓋燜煮約 10 分鐘至馬鈴薯熟軟。

⑥ 起鍋盛盤後，撒上白芝麻即可。

Chapter.2 旅台韓媽媽的好客餐桌　**109**

韓式紅燒豆腐 두부찜

食材一

板豆腐 ……………… 1 塊
乾香菇‥3 朵（約 10g）
蒜泥 ……………… 1 小匙
沙拉油（拌炒用）‥適量

食材二

蔥 ………………… 1 支
辣椒 ……………… 1 支

調味醬

醬油 …………… 1 大匙
砂糖 …………… 1/2 大匙
辣椒粉 …… 1 又 1/2 小匙
昆布小魚乾高湯‥50ml

作法

① 將板豆腐切成長條片狀（約寬 3× 長 5× 厚 1cm）。

② 將豆腐放入油鍋煎至表皮呈金黃色起鍋備用。

③ 乾香菇泡水至軟後，切成絲。蔥切段，辣椒切絲。

④ 將所有調味醬調拌均勻後備用。

⑤ 倒油熱鍋，放入蒜泥、香菇絲炒香，續入板豆腐。

⑥ 倒入步驟 4 之調味醬後，以中火燜煮約 5 分鐘，起鍋前放入食材二之蔥段和辣椒絲即完成。

 海苔飯捲 김밥

 飯捲火腿 kimbab Ham
(可以熱狗代替) …… 4 條

胡蘿蔔 …………… 65g

小黃瓜 …………… 80g

黃蘿蔔乾 ………… 60g

菠菜 ……………… 130g

白米 ……………… 1 杯

海苔 ……………… 4 片

調味料

麻油 ……………… 適量

鹽 ………………… 少許

白芝麻 (炒過) …… 適量

112

作法

① 將煮熟的白飯放入調理盆，放入鹽、麻油、白芝麻，保持米粒完整地切拌，放涼備用。

② 小黃瓜去籽切成長條狀，黃蘿蔔乾也切成長條狀，胡蘿蔔切絲。（如使用熱狗，則切成適當寬度、長度。）

③ 倒油熱鍋，將火腿條煎至表面略為上色，即盛起備用。

④ 用同一只鍋，將胡蘿蔔絲加入少許鹽，炒熟盛起備用。

⑤ 將菠菜洗淨，切掉根部，放入滾水中燙至熟軟。撈起，泡冷水後擰乾。再放入調理盆，續入鹽、香油，拌勻備用。

⑥ 將海苔鋪在捲簾上，再鋪上一層薄薄的步驟 1 的米飯。

⑦ 依序放上菠菜、火腿、小黃瓜、黃蘿蔔乾、胡蘿蔔絲，一邊捲一邊將餡料往裡壓，捲成圓筒狀。

⑧ 放置約 5 分鐘，待海苔稍微吸收一點水份，刷上薄薄一層麻油，再切成約 2cm 一段即完成。

韓食小故事

● 海苔飯捲或稱紫菜包飯，韓國曾有一段被日本統治的時期（1910 ～ 1945），這段時間，日本飲食文化傳入韓國，所以誕生這樣的海苔飯捲，雖說外型上像日本的壽司捲，但味道差異極大。現今，海苔飯捲已成為韓國國民美食，聚會、節慶、野餐、小吃等等，都可以看到海苔飯捲，與日本壽司捲最大的差異是，日本壽司捲使用醋飯，而韓國海苔飯捲是使用麻油拌飯，完全展現道地韓國風味！同樣是飯捲，韓國與日本可是大不同！

因為海苔飯捲是國民美食，所以超市內可以看到專為海苔飯捲生產的內包食材，比如說飯捲火腿（Kimbab Ham），在台灣購買不到，可以熱狗、或一般火腿代替，黃蘿蔔乾也是韓國生產與日本產，味道不相同，如果想做出正統味道，那麼買對麻油與黃蘿蔔乾就成功一半了！

冷拌麵 냉면

食材

韓國涼麵 (蕎麥麵) 70g
小黃瓜 ⋯⋯⋯⋯⋯ 80g
水梨 ⋯⋯⋯⋯⋯⋯ 80g
雞蛋 ⋯⋯⋯⋯⋯⋯ 1 顆

調味醬

水梨 ⋯⋯⋯⋯⋯⋯ 40g
蘋果 ⋯⋯⋯⋯⋯⋯ 30g
洋蔥 ⋯⋯⋯⋯⋯⋯ 30g
蒜泥 ⋯⋯⋯⋯ 1/2 小匙
醬油 ⋯⋯⋯⋯ 2/3 大匙
香油 ⋯⋯⋯⋯ 2/3 大匙
鹽 ⋯⋯⋯⋯⋯⋯⋯ 適量
辣椒粉 ⋯⋯ 1 又 1/2 大匙

作法

① 將調味醬的所有材料放入果汁機，打成泥狀，即為涼麵的醬汁，盛出備用。

② 將小黃瓜切絲，水梨切絲備用。

③ 雞蛋放入滾水煮，煮熟後撈起放涼，剝殼，切對半備用。

④ 將麵條放入滾水煮約 3 ～ 4 分鐘，煮的過程不斷攪拌，以避免黏鍋。煮熟後，儘速起鍋，以清水搓洗，洗至完全沒有黏性，擠乾多餘的水份盛入碗中備用。

⑤ 在涼麵上擺拌麵醬、水梨絲、小黃瓜絲、水煮蛋、少許冰塊，即完成。

Tips

● 做好的涼麵要立刻吃，否則麵條會黏糊掉，影響口感。

● 在韓國吃冷拌麵時，愛重口味的韓國人，常常會加調味料，冷麵餐廳桌上的調味料通常有白醋、黃芥末、糖等等，我特別喜歡加了黃芥末的後勁。

韓食小故事

韓國冷麵有兩種，一種是咸興式的冷拌麵，就像這一份食譜即是咸興冷拌麵，是以醬料涼拌蕎麥麵，另一種是平壤式的水冷麵，水冷麵有冰涼的高湯與肉片，都是北韓地區的料理，但也是全韓國的代表性麵食，韓國人可是連下雪天都吃冷麵的。

雜菜 잡채

食材

紅椒	35g
黃椒	40g
青椒	30g
洋蔥	40g
胡蘿蔔	30g
菠菜	130g
豬肉絲	80g
鴻禧菇	80g
乾香菇	25g
黑木耳	30g
韓國冬粉（泡水後）	280g

調味料

醬油	4 大匙
砂糖	1/2 大匙
麻油	適量
鹽	適量
白芝麻（炒過）	適量

醃豬肉用

醬油	1 小匙
砂糖	1 小匙
麻油	1/2 小匙

作法

① 將冬粉泡水，大約泡 20 分鐘後，用剪刀將冬粉對半剪，再對半剪。

② 取一調理碗，放入豬肉絲，倒入醬油、砂糖、麻油抓醃，靜置約 5 分鐘。熱鍋後放油、放入豬肉絲，炒熟盛起備用。

③ 將紅、黃、青椒切約寬 0.7cm 的條狀。

④ 將乾香菇泡水至軟，切掉蒂頭，切絲。

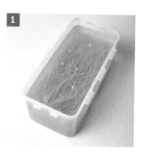

⑤ 黑木耳切絲，胡蘿蔔切絲，洋蔥切絲。

⑥ 菠菜切掉根部，再將梗和葉分開，先梗後葉，放入熱水燙熟，撈起泡冷水後，擰乾，切成 4cm 的段狀，放入調理盆中，加入鹽和麻油拌勻。

⑦ 倒油熱鍋，放入步驟 3，紅、黃、青椒均分開炒，炒至稍微熟軟，盛起備用。

⑧ 繼續用同一個鍋子，炒香菇絲至熟軟，盛起備用。

⑨ 以此類推，將黑木耳絲、胡蘿蔔絲、洋蔥絲、鴻禧菇個別炒熟，盛起備用。

⑩ 將步驟 1 的冬粉撈起，放入煮鍋中，煮至快要沸騰的時候，熄火，以免冬粉過於軟爛，撈起瀝乾，放入大調理盆（或者按照冬粉的包裝上時間指示煮冬粉，通常約為 2～3 分鐘。）。

⑪ 倒入麻油，防止冬粉黏在一起，放入所有的蔬菜配料，再將大調理盆移至風扇向風處，戴上料理手套，盡速將所有的配料拌勻，期間加入醬油、砂糖、白芝麻調味，拌至冬粉呈現淡茶色即完成。

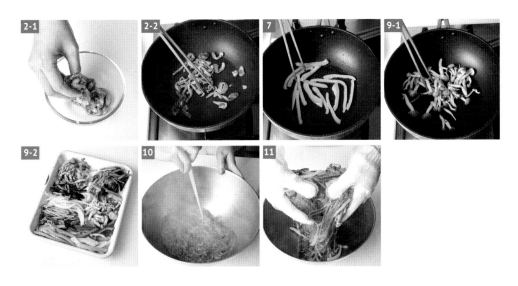

Tips

• 雜菜中所有蔬菜或食材，均分開處理，即便烹調的步驟相同，也強烈建議如此烹調，如果偷懶，把所有蔬菜與食材一次大鍋炒，那麼，做出來的雜菜，在味道上就沒有層次感，這是雜菜好吃的秘訣。

黑豆飯 잡곡밥

食材

黑豆 ……………… 2/3 杯

白米 ………… 1 又 1/3 杯

水 ………………… 2 杯

作法

① 將黑豆浸泡水中約 5 個小時。

② 將步驟 1 和白米及水一起放入
電鍋中，煮熟即完成。

CHAPTER
3 / 서울
首爾鄭媽媽的濃情餐桌

以料理串起
一家人的情感，
也串起
我與韓國滋味的緣份。

Michelle 蜜雪兒（韓妻蜜 " 鄭 " 太太～蜜雪兒），一位嫁到首爾幾年的韓國媳婦，是我等等要見面、來自台灣的女生，我不安地環顧周遭環境，離平常我熟悉的江北或這次住的江南有點遠，是有名的 63 大樓所在的銅雀區！更何況，我剛剛才差點丟掉手機，驚魂未定的我，以發抖的手仔細對照蜜雪兒告訴我的地圖重點，很怕自己等錯地方。才剛是初冬，站在街頭的我，鼻子已經凍得紅通通、鼻水直流，縮著脖子，不禁將手插進外套口袋，這是初冬嗎？比台灣的寒流還冷，真

佩服蜜雪兒可以生活在這麼冷的地方。

出發前，蜜雪兒給我她婆婆的菜單，並且仔細教我怎麼搭地鐵與公車到婆婆家，好在，我沒等錯地點，她打了電話給我，請我再稍等一下，果然過不了多久，她與她所愛的鄭先生從馬路的另一頭出現，我終於不發抖了！鄭先生開車載我們直接前往 eMart，這是韓國的連鎖超市，規模很大。在韓國，逛超市，尤其是傳統市場，若是沒有翻譯，看不懂也聽不懂韓文，總是會一團

混亂。我最愛的活動之一就是逛市場，跟著會說中文的鄭先生與台灣媳婦，我的心終於安定下來，興奮地面對等一下的行程。

在中國求學與工作幾年，中文說得極好的鄭先生，加上蜜雪兒一搭一唱，這趟逛市場行程，馬上變成Q&A現場，除了對我有問必答之外，只要看到值得介紹的食材，他們一定熱心地帶我去看並且解說。雖然不是第一次逛 eMart，但他們為我解惑許多疑點，首爾物價很高，早就超過台北，上餐廳吃飯、或買食材也是，我常望著價格興嘆。

在韓國買食材與台灣的情形很像，傳統市場較超市便宜，eMart 又比那些進口高價超市便宜，許多觀光客到了首爾的新世界百貨公司，會不小心就在那最貴的超市買了物品，除了因市場型態不同的價格落差，另一種價格差異則也跟台灣或日本相似，那就是只要是本國產的國產品，通常都因品質好、產量少而價格高，就像台灣的本地黃牛肉，比起進口的牛肉貴多了，韓牛也是一樣，不只韓牛，只要標示國產，價格往往比起其他進口食材貴許多。

料理串起了我與鄭媽媽、
蜜雪兒的緣份。

在韓國買食材，我喜歡挑韓國國產，除了品質之外，最重要的是，想要做出不偏離道地口味的話，調味料還是萬萬不可出錯，比如說，韓國料理中，最常用的麻油，同樣是麻油，台灣、日本、韓國，這三地的麻油香味並不相同，其中主要原因在芝麻焙煎程度的不同，幸好，台灣也能輕易買到韓國麻油。eMart 買不夠，我們還到傳統市場買主要肉類食材，果然肉舖內的牛肉，韓牛與美牛價格差遠了，如果聽到韓國人說，今天吃好一點的牛肉吧！那表示，就是要吃韓牛；他們問我意見，後來還是買了韓牛，

只因韓牛可是不輸和牛的美味牛肉。

終於回到鄭媽媽家了，準備遲來的午餐，只需要十分鐘，除了主菜早就準備好了之外，能夠這麼短的時間備餐，最重要的原因是每個韓國家庭都會有的泡菜冰箱！泡菜冰箱內所放的除了泡菜，還會有醬菜、甚至涼拌小菜，這泡菜冰箱是每一個韓國家庭的基本家電，就像台灣人家裡都有一個大同電鍋一樣重要，經濟好一點的，家裡有兩台以上泡菜冰箱也是多有所見，鄭媽媽家中就有兩個泡菜冰箱，如果一個

鄭媽媽就像每個韓國媽媽，練就一身做泡菜的好功夫，台灣媳婦蜜雪兒
資質高、又被訓練得好，收束整理的泡菜就是特別漂亮迷人。

泡菜冰箱要裝滿的話，視盒子大小，至少也是三十至五十盒各種泡菜，我突然羨慕起來，要是我也能有個泡菜冰箱多好，常備菜這麼多，備餐又快又簡單。

為了我的到來與料理學習，鄭媽媽的兩個兒子與媳婦都回來幫忙，在我們準備著晚上大餐的前置作業時，不時見到鄭先生也跟著忙，拖地、準備食材等等，我疑惑地問蜜雪兒，韓國男人不做家事的，不是嗎？聰穎的蜜雪兒笑說，結婚前第一次到韓國，故意不住飯店、來住男朋友家，就是想看看這一家人的平日生活，看到鄭媽媽對兩個兒子的教育不同於其他韓國家庭，家裡的男生，包括鄭爸爸，全部都要負擔做家事，這在韓國非常少見。聽蜜雪兒說，他也非常照顧家裡的其它一切，我們忙著各種準備工作時，鄭先生會提醒，要拍照喔，有時，是他做一些準備工作，又會喊我：「老師，請過來這邊看看，是這樣做的，要拍照嗎？」人帥體貼、事業有成、能講中文、愛台灣又會做家事，蜜雪兒確實做了正確的選擇。

這一次，我離開時，差一點過不了

鄭媽媽

本名：金仙子 Kim Sunja
年齡：70 歲（1946 年出生）
料理資歷：45 年
現居地：首爾市‧銅雀區

航空公司，行李限重那一關，還有海關，因為，我的行李被鄭家人塞得滿滿的，有一大箱的韓國餅乾，是鄭先生趁著我跟蜜雪兒在傳統市場採買時，他去買來給我當伴手禮，還有鄭媽媽，把做好的大白菜泡菜、白蘿蔔泡菜都真空包裝好，甚至還有綠豆煎餅，是我們之前做的，剩下的冷凍起來，也包成一袋。這情景，我之前見過，在春川的高媽媽家，高家二姊回家後，離開前一模一樣的情形，煎餅、泡菜、小菜等等，全都分裝好了。Check-in 時，安全過關，到了海關，過了 X 光機後，我與隨身行李被叫到一邊，女海關不苟言笑，我也很緊張，她打開行李，一件一件都拿出來放在一邊，顯然那不是她的目標，終於拿到最底下，她想檢查的那一包，打開後，看到一袋冷凍的綠豆煎餅，嚴肅的她突然噗嗤一聲笑出來，她對我點點頭，彷彿抱歉著，一邊笑一邊替我工整地收拾行李，我想，那是所有離開家的羽翼的韓國人，懂得的情節！

* 照片中之白菜泡菜因拍攝時程關係，故尚未醃透，不論色澤或醃漬程度，都呈現出新鮮泡菜的樣貌。

白菜泡菜 泡菜

食材

白菜 ···················· 1 顆

前一天作業

將白菜對切，泡於鹽水（鹽 1 杯、水 1L）中，至少一個晚上，如天氣熱，則放入冷藏浸泡一個晚上。

醃漬醬

芥菜 ····················	60g
蔥 ····················	2 ～ 3 支
白蘿蔔 ····················	85g
洋蔥 ····················	230g
糯米粉 ····················	2/3 杯
梨子 ····················	230g
梅汁 ····················	2 大匙
粗辣椒粉 ····················	45g
生蝦醬 ····················	25g
魚露 ····················	10ml
蒜泥 ····················	20g

作法

① 將芥菜、蔥切段，白蘿蔔切絲，其中一部分的洋蔥（約 130g）切絲。

② 以冷水調勻糯米粉（比例為水 2 粉 1），以微波爐加熱或在火爐上加熱，不斷攪拌煮至呈醬糊狀，放涼備用。

③ 將梨子（柿子季節可使用當季柿子汁）、洋蔥（100g）打成泥備用。

④ 將泡一晚鹽水的白菜以清水沖洗，瀝乾備用。

⑤ 將步驟1、步驟2、步驟3與醃漬醬其它所有材料放入大調理盆中拌勻，即為泡菜醃料。

⑥ 將白菜放至醃料盆中，每一片葉子均塗抹上醃料，每一份做完後，以最外圍的白菜葉將整顆白菜緊緊包裹住。

⑦ 讓白菜切口朝上地放入保存盒中，這樣做的話，醃料就不容易掉落，增加醃漬的速度，再放入冰箱冷藏使其熟成。

Tips

- 如需快速發酵，冬季可先放室溫一天，夏季半天，再放入冰箱冷藏，使泡菜慢慢發酵，冰箱冷藏大約2～3天，就可食用。兩個星期內都算新鮮泡菜，儲存越久，酸味越重，會慢慢變成老泡菜，每次取用一定要使用乾淨的筷子，以免污染泡菜。

- 靠近白菜根部的部位，因為梗較厚較硬，所以醃漬醬可以多抹一些，好幫助入味。

白蘿蔔塊泡菜 깍두기

食材

白蘿蔔 ·············· 250g

醃漬醬

芥菜 ················· 60g

珠蔥（或台灣細蔥）··· 20g

梅汁 ················· 2 大匙

粗辣椒粉 ············ 45g

生蝦醬 ·············· 25g

魚露 ················· 10ml

蒜泥 ················· 20g

作法

① 將白蘿蔔去皮，切成塊狀（約 3cm×4cm）備用。

② 將芥菜、珠蔥切段，放入調理盆中。

③ 放入蒜泥、生蝦醬、梅汁、粗辣椒粉、魚露與鹽後，拌勻。

④ 將白蘿蔔塊放入醃漬醬料中，抓拌均勻。

⑤ 放入保存盒，在室溫靜置半天後，讓泡菜發酵再放入冰箱冷藏，大約 3 天即完成。（最佳食用期為三天至兩個星期）

Tips

- 通常，白蘿蔔塊做泡菜前，會經過鹽醃脫水去菁的程序，鄭媽媽的手法並無此道手續，所以本食譜醃漬熟成的白蘿蔔塊泡菜會有較多出水的現象。

烤海苔 김구이

食材

大張海苔 ………… 4 張

調味料

麻油 ……………… 適量
韓國產粗鹽 ……… 適量

作法

① 以毛刷沾取麻油,輕刷在海苔上。

② 將海苔放在烤網上略微烘烤,再刷另一面,再次烘烤。

③ 放到架上放涼前,趁熱撒上少許粗鹽。

④ 放涼後,煎成約 6×10cm 的長方形即完成。

Tips

● 吃不完的烤海苔,可以放入密封容器中保存,保持乾燥狀態,就可以隨時食用。

● 韓國產的粗鹽,有許多種不同品牌、粗細大小可選擇,如果要做烤海苔,購買的粗鹽,大概比中等粗粒再小一點,跟台灣可買到的法國鹽之花差不多大小顆粒。

綠豆煎餅 빈대떡

食材

綠豆仁 ……………… 150g
蕨菜（泡水後）…… 25g
綠豆芽 …………… 50g
大蔥 ……………… 15g
豬絞肉 …………… 50g

調味料

鹽 ………………… 適量
蒜泥 …………… 1/3 小匙
辣椒 ……………… 適量

沾醬

洋蔥末 …………… 5g
蒜泥 ……………… 1g
蔥末 ……………… 適量
醬油 …………… 2 小匙
白醋 …………… 1 小匙
蘋果丁 …………… 適量
辣椒粉 …………… 適量

醃肉用

黑胡椒 ……… 少許
薑汁 ………… 少許

作法

① 將綠豆仁泡水一個晚上，瀝乾取出放入果汁機，加入 50 ～ 70ml 的水打碎。

② 將豬絞肉以黑胡椒與薑汁調味。

③ 將蔥切成小段狀，辣椒斜切片。

④ 將所有食材、醃過的豬絞肉與調味料混合均勻。

⑤ 倒油入平底鍋，以大火加熱，用大湯匙舀煎餅料倒入鍋內，略壓餅糊，轉至中小火，當煎餅周圍開始產生金黃色，即可翻面，煎至兩面呈金黃色。

⑥ 將所有沾醬的材料調拌均勻，與煎餅一起上桌。

 # 泡菜豬肉鍋 돼지김치찌개

食材		
乾香菇 …………………… 2 朵	韭菜 ………………… 適量	
小魚乾 ……………… 5 ～ 6 尾	綠豆煎餅 …………… 2 片	
麻油（拌炒用）……… 適量	（請參閱 P.141 的作法）	
梅花豬肉片 ………… 140g	青辣椒 ………………… 1 支	
老泡菜 ……………… 250g	鴻禧菇 ……………… 45g	
洋蔥 …………………… 70g	豆腐 ………………… 70g	
大蔥（或蔥）‥1 支（2 ～ 3 支）	蛤蠣 ………………… 150g	

（調味醬）

調味醬
湯醬油 ……………… 適量
生蝦醬 ……… 1/2 小匙
辣椒粉（中粉）…… 適量
蒜泥 ……… 1/2 小匙
胡椒粉 ……………… 適量

① 將乾香菇放入半杯水中泡至軟,小魚乾泡在 2 杯水中約 30 分鐘。

② 將步驟 1 連同浸泡的水一起煮滾,再轉小火滾煮約 5 分鐘即完成高湯。

③ 將老泡菜切成約 2.5 公分的塊狀,蔥斜切段,洋蔥切絲,生蝦醬剁碎。

④ 將調味醬的所有材料放入調理碗調拌均勻。

⑤ 在湯鍋內倒入少許麻油,放入豬肉略微翻炒,續入步驟 4。

⑥ 放入老泡菜、洋蔥絲、蔥白段一起拌炒。

⑦ 倒入步驟 2 的高湯,煮滾後轉小火,燉煮約 3 分鐘。

⑧ 放入剩餘的鴻禧菇、綠豆煎餅、豆腐、蛤蠣。

⑨ 以湯醬油、生蝦醬調味,滾後轉小火煮約 5 分鐘。

⑩ 以辣椒粉、蒜泥、胡椒粉再次調味,放上青辣椒、蔥綠段、韭菜段即完成。

Tips

● 泡菜豬肉鍋食材多變,是韓國家庭或外食餐廳經常出現的一道菜,因為有點清冰箱的意義,所以並不拘泥一定要放什麼食材,不過,既然說是泡菜豬肉鍋,所以一定有泡菜與豬肉,在這裡使用的泡菜通常為老泡菜,意即發酵超過三個月、已經較酸的泡菜,豬肉方面,韓國人最愛豬五花,我則愛用梅花肉;這裡使用的「主食」是綠豆煎餅,也可以使用韓國年糕、韓國冬粉(放入之前需先泡水)或泡麵,搭配白飯也很開胃,雞蛋、海鮮等等也都非常適合放入泡菜豬肉鍋。

 ## 辣牛肉湯 육개장

食材（1人份）		
煮湯用牛肉 ········ 100g	白蘿蔔 ············· 200g	
洋蔥 ·············· 270g	芋頭莖（乾燥）····· 10g	
大蔥 ·············· 1支	蕨菜（乾燥）········ 10g	

調味醬	
湯醬油 ············· 20ml	
蒜泥 ············· 1小匙	
辣椒粉 ············· 1大匙	

作法

① 將牛肉泡於水中,去血水,約 30 ～ 40 分鐘。

② 將芋頭莖和蕨菜泡水軟化,約 30 ～ 40 分鐘。

③ 鍋中放入牛肉、洋蔥(170g)、大蔥蔥白部分、
切塊白蘿蔔以及 670 ～ 700ml 的水,滾後轉
小火燉 40 分鐘。

④ 將芋頭莖、蕨菜分別放入滾水中燙過,撈出瀝
乾切一口大小備用。

⑤ 將步驟 3 的鍋內僅留高湯與牛肉。

⑥ 取出牛肉,以手撕成粗絲,放入調理碗內。

⑦ 調理碗內續入芋頭莖、蕨菜、大蔥(綠)的斜
切片、洋蔥絲(100g),放入所有調味醬料拌
勻。

⑧ 將拌勻的調味牛肉蔬菜放入步驟 5 的高湯中,
開火煮至蔬菜熟軟即完成。

蝦醬炒白蘿蔔絲 무나물

食材

白蘿蔔 ⋯⋯⋯⋯⋯ 140g

生蚵 ⋯⋯⋯⋯⋯ 200g

調味料

淡味麻油 ⋯⋯⋯ 適量

蒜泥 ⋯⋯⋯⋯ 1 小匙

薑末 ⋯⋯⋯ 1/2 小匙

蝦醬 ⋯⋯⋯⋯ 1 小匙

大蔥末 ⋯⋯⋯ 1/3 支

麻油 ⋯⋯⋯⋯ 1 小匙

磨碎白芝麻 ⋯⋯ 1 小匙

作法

① 將蘿蔔切成約寬 0.8cm 的粗絲。

② 鍋中，倒少許淡味麻油，續入蒜泥、薑末、蝦醬與蘿蔔絲一同翻炒。

③ 加入少許水炒至蘿蔔絲軟後，加入生蚵與大蔥末，略微翻炒。

④ 起鍋前再加入一般麻油，盛盤後撒上磨碎的白芝麻即完成。

Tips

● 淡味麻油為韓國製產品，是淺焙煎或未焙煎白芝麻所製成，台灣可買到日本製淺焙芝麻油代替使用，如果沒有的話，使用一般麻油也可以。

辣燉白帶魚 갈치조림

食材

高湯 350ml
白帶魚 410g
白蘿蔔 220g
蔥粗末 .... 1 支

調味醬

醬油 25ml
蒜泥 .... 1/2 小匙
薑末 .... 1/2 小匙
辣椒粉 .... 2 小匙
韓國味醂 .... 1 大匙
梅汁 .... 1 又 1/2 大匙

高湯食材

鯷魚魚乾 35g
乾蔥根 .... 3 個
洋蔥皮 1 ～ 2 個洋蔥剝下的份量
昆布 .... 1 片（10×5cm）
蝦乾 .... 3 ～ 4g

高湯作法

① 將鯷魚魚乾放入鍋中，以小火乾鍋炒香。

② 倒 400 ～ 500ml 的水入鍋，加入乾蔥根、洋蔥皮、昆布、蝦乾。

③ 滾後轉小火煮約 40 分鐘即完成高湯。

作法

① 將白蘿蔔切厚約 1.5cm 的厚片，鋪在鍋子底部。

② 將白帶魚切成大塊狀，鋪在白蘿蔔上，加入高湯。

③ 將所有的調味醬料拌勻，均勻淋在白帶魚上，開火燒煮至滾。

④ 放入蔥粗末，繼續燒煮，以小火燉約 20 分鐘即完成。

糯米牛肉 소고기찹쌀구이

食材

牛肉片（牛腹肉燒烤片）100g

糯米粉 ……………… 適量

麻油 ………… 1～2大匙

松子 ……………… 2大匙

芝麻葉 ………… 3～4片

調味料

大蒜粉 ……………… 少許

鹽 ………………… 少許

黑胡椒 ……………… 適量

作法

① 將大蒜粉、鹽及黑胡椒均勻撒在肉片上。

② 肉片兩面均勻沾裹糯米粉。

③ 平底鍋加熱，倒入麻油，放入肉片將兩面煎熟。

④ 松子切碎、芝麻葉切絲，與肉片一起盛盤即完成。

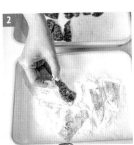

 Tips

- 大蒜粉可在超市（尤其進口超市）買到，如所購之大蒜粉有鹹味，則鹽可斟酌加入或不加。

 # 韓式牡丹鍋 소고기꽃샤브샤브

(食材)

大白菜 ···· 約 1/3 ～ 1/2 顆

芝麻葉 ········ 20 ～ 30 片

牛肉薄片或火鍋片 約 400g

綠豆芽 ················ 150g

高湯 ················ 800ml

香菇 ············ 1 ～ 2 朵

(調味料)

鹽 ······················· 適量

黑胡椒 ················· 適量

作法

① 將大白菜對切再對切，切掉根部。

② 鍋內先鋪綠豆芽與白菜硬梗。

③ 將牛肉片以廚房紙巾吸除血水。

④ 取縱切的 1/4 大白菜，每一片葉片鋪上芝麻葉與牛肉片，均撒上鹽、黑胡椒，片片疊好，疊上 3～4 層。

⑤ 每一份 1/4 縱切大白菜做好後，切成四等份，緊密排入鍋中，使鍋子毫無空隙。

⑥ 倒入八分滿的高湯，放入香菇，煮滾後以鹽調味即完成。

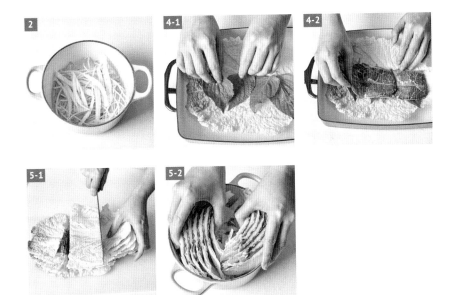

● 高湯可使用 P.30 的昆布高湯或昆布小魚乾高湯。

栗子燉牛排骨 소갈비찜

食材

牛排骨 ⋯⋯⋯⋯⋯ 740g

栗子 ⋯⋯⋯⋯⋯⋯ 6 顆

紅棗 ⋯⋯⋯⋯⋯⋯ 6 顆

銀杏 ⋯⋯⋯⋯⋯⋯ 10 顆

松子 ⋯⋯⋯⋯⋯⋯ 20g

調味料

醬油 ⋯⋯⋯⋯⋯⋯ 5 大匙

薑末 ⋯⋯⋯⋯⋯⋯ 1 小匙

作法

① 將牛排骨泡於冷水中約 40 分鐘，去除血水。

② 取出牛排骨放入鍋中，加水（約1200ml）燉至熟軟。

③ 加入醬油與薑末調味，續煮約 10 分鐘。

④ 放入栗子，續煮約 10 分鐘。

⑤ 放入紅棗，續煮約 15 分鐘。

⑥ 另起鍋，乾鍋烘炒銀杏，盛起備用。

⑦ 將牛排骨盛盤，撒上銀杏與磨碎松子即完成。

菜包肉 배추쌈

食材

A.

豬五花（或梅花肉）375g
水 …………………… 900ml
乾蔥根 …………… 3 個
洋蔥皮 …………… 適量
桂皮 ………………… 5g
薑末 ………… 1/2 小匙

B.

生蠔 ……………… 200g
泡菜醃料 ………… 適量
（參閱 P.134）
白菜 …………… 10 片
（已泡過鹽水並脫水後洗淨）

調味料

黑胡椒 …………… 適量
醬油 …… 1 又 1/2 大匙

作法

① 將食材中的 A. 和調味料放入鍋中，煮滾後，轉小火，燉至豬肉熟軟即可。

② 取出豬肉，切成厚約 0.7cm 的片狀。

③ 與生蠔、泡菜醃料、白菜一起盛盤即完成。

韓食小故事

• 冬至前後，是大白菜泡菜製作高峰期，這時候，家族會齊聚一起做泡菜，因為做泡菜時太忙，沒辦法也煮大家要吃的餐食，所以菜包肉這道菜這時就會上場，因為做泡菜的醃料就是菜包肉最重要的調味料，肉則是在準備泡菜時，放在爐子上燉著就好；吃的時候，拿一片白菜，包上一些泡菜醃料、生蠔、一片豬肉一起吃，包生蠔是蜜雪兒婆家的姨母家的習慣，幾乎每年鄭家都會聚在這裡做泡菜，因為住海邊，時節又有肥美生蠔，所以鄭家的菜包肉總是有生蠔，一般家庭通常是白泡菜、豬肉、泡菜醃料，把它們包在一起吃就是最庶民的韓式滋味。

九節坂 구절판

食材

小黃瓜 ················ 90g	
黃蘿蔔乾 ·········· 90g	
胡蘿蔔 ·············· 70g	
綠豆芽 ·············· 90g	
蕨菜 ················· 30g	
牛肉絲 ·············· 70g	
白蘿蔔 ·············· 85g	

C. 炒牛肉絲用

黑胡椒 ·············· 適量
鹽 ·················· 適量
湯醬油 ·············· 1 小匙
砂糖 ················· 1 小匙
麻油 ················· 1 大匙
蔥末 ················· 1 支

A. 拌綠豆芽用

珠蔥（或蔥末）········ 2 支
蒜泥 ············· 1/2 小匙
麻油 ················· 1 大匙
白芝麻 ·············· 適量

D. 煎蛋白用

蛋白 ················· 1 顆
馬鈴薯粉（日本片栗粉）10g
水 ·················· 30ml

E. 煎蛋黃用

蛋黃 ················· 1 顆
馬鈴薯粉（日本片栗粉）10g
水 ·················· 30ml

B. 炒蕨菜用

蒜泥 ············· 1/2 小匙
麻油 ················· 1 大匙
蔥末 ················· 1 支
鹽 ·················· 少許

F. 醃漬白蘿蔔片用

白醋 ················· 30ml
砂糖 ················· 30g

作法

① 將白蘿蔔切成厚約 0.2cm 的片狀，以白醋和砂糖醃漬備用。

② 將小黃瓜、黃蘿蔔乾、胡蘿蔔分別切成細絲備用。

③ 以滾水燙綠豆芽後，用冷水沖涼，瀝乾備用，加入 A.，拌勻備用。

④ 將蕨菜先泡水至軟，切約 5 ～ 6cm 的段狀。平底鍋內倒入麻油，熱鍋後，放入蒜泥同炒，起鍋前加入蔥末，以少許鹽調味，盛起備用。

⑤ 將牛肉絲以鹽與黑胡椒調味後。平底鍋內放入牛肉絲翻炒，以醬油、糖調味，起鍋前放入麻油與蔥末，盛起備用。

⑥ 將馬鈴薯粉與水調勻，加入蛋白拌勻。平底鍋熱鍋，倒入一層薄薄的蛋白，煎成蛋白片，取出放涼後切絲備用。

⑦ 將馬鈴薯粉與水調勻，加入蛋黃拌勻。平底鍋熱鍋，倒入一層薄薄的蛋黃，煎成蛋黃片，取出放涼後切絲備用。

⑧ 在大盤中間放上醃漬白蘿蔔片，周圍依序放上八種食材即完成。

韓食小故事

- 九節坂為韓國古代宮廷料理，做為前菜或開胃菜的九節坂，取材上其實很簡單，可以就自己方便找、容易取得的食材，只要注意顏色上的表現與搭配就成功一半了。韓國料理，尤其是宮廷料理，注重五味五色，五味指「酸、甜、苦、辣、鹹」，五色是「紅、黃、綠、黑、白」，表現陰陽五行的平衡，也各自對應「火、土、木、水、金」，意指互相平衡而求取健康。

- 此次九節坂中間放的是醃漬白蘿蔔片，夏天非常適合，實際上。通常都放白色的煎餅，以煎餅（或白蘿蔔片）取用八種食材，包捲起來吃。

以開放的心學習料理，
就能像宋太太一樣做出
醇厚的好菜。

仔細地看著地鐵圖，我試著算出要到宋太太家附近的地鐵站需要多少時間，宋太太住在仁川，我住在首爾，這可遠了！我提早出門，從繁華的三條地鐵交會處的鐘路三街站出發，一路順暢地到九老站換車，至此，我想應該是不會遲到的，沒想到，九老站上車後，車行速度很慢，就像小時候坐的慢車，有一度，我還墜入童年的回憶，但不久後我開始緊張，隨著時間逼近，我放棄掙扎，就這樣吧！看來是會遲到的；我與 Doris 約在朱安站，再一同前往宋太太家，Doris，一位年輕的

台灣小女生，為了築夢，勇敢地到首爾念書與生活，宋太太是 Doris 朋友 Anna 的弟妹，曾待過倫敦的 Anna 英文說得很好，在路上，我們聊著天，她盛讚自己的弟妹很會做菜，弟弟結婚後整個人胖了一圈，我則非常好奇，年輕女孩的手藝。

Anna 的弟妹名叫李真昡（音同窘），[註3] 真昡是含蓄婉約、笑起來很甜的女孩，雖然年輕，但安份地按著韓國社會對女性的傳統期待，結婚後，為了家庭的所有一切操持著；一進入真昡的家，可以感受她對家庭的奉獻與照

顧，乾淨清爽，許多小角落有她巧思的布置，連自家貓咪用的貓砂屋也是她 DIY 的作品，搭配看似 IKEA 的家具，果然是年輕女孩的家，跟我去過的韓國媽媽們的家大相逕庭。但是一進入廚房，看到真炅老師準備的食材，與廚事前置作業，我很驚訝，除了完全跟傳統韓國媽媽如出一轍的手法，也仔細又認真地準備著跟廚藝教室相仿的食材準備工作，所有食材處理後，有條不紊、一一置放在調理碗或調理盤上，等著進行下一個步驟。

真炅說，還是築夢花樣年華的二十歲就結婚了，嫁給先生後，到我跟她相遇學料理，她說，十一年了，

這十一年來的每日三餐，都是她親自準備與操作，剛開始不懂料理，所以自己的母親與網路就是她的老師，對於每一餐的事前準備工作，她一點都不馬虎，我了解，因為只要打開她的冰箱，會佩服她的收納與組織能力，她沒有泡菜冰箱，所以一般家用冰箱也必須當作泡菜冰箱使用，冰箱內每一吋空間都運用得當，而且非常整齊，沒有任何塑膠袋，所有食材放入冰箱前，都已做過初步整理。比如說，蔥先洗好、晾乾至沒有水份，蔥根切下另外風乾保存，這時蔥才能放入盒中，入冰箱保存，或者買回的新鮮蛤蠣外殼刷洗乾淨、泡在透明玻璃保鮮

打開真炅家的冰箱，整齊的收納令人歎為觀止！

盒，蓋好，放在冰箱架上，保鮮又能持續吐沙，我想像著，這要花多少時間？更何況，她有兩個稚子，不論照顧小孩、打掃家裡、一日三餐，都是她親自動手，我由衷地從心底佩服年輕的她，有著對家事的聰慧與勤勞。

真炅做的菜，因為有許多是自己買食譜或讀網路而來，所以並不限定是媽媽的家傳菜，有一些是韓國各地方的鄉土料理，像我很喜歡她教我的芝麻麵疙瘩，是來自江原道，江原道，韓國東北部行政區，有名的黃太魚風乾作業場在江原道太白山脈深山處，利用深山內的寒風風乾黃太魚，所以江原道的黃太魚湯也是有名的。如何利用黃太魚全身上下當然是基本技巧，一般人僅使用黃太魚本身剎下的純魚肉，做成家庭或街上常見到的黃太魚湯，但真炅這道江原道的芝麻麵疙瘩則看得出江原道特產，先是利用一般人不太使用的黃太魚頭來製作湯底，又用了江原道的農作物 – 蕎麥，來製作麵疙瘩，這樣一道韓國北部鄉土料理，又看重製作過程中的基礎，如熬製高湯，實在不太像一位在仁川長大生活的年輕媽媽的手法。

因為自己也是料理人，所以很喜歡她認真對待食材與料理的態度，尤

其，她這樣年輕，我想，這是一種從零學習，毫無窒礙的優點，像一張純潔的白紙，給它什麼顏料，就會變成哪一種色彩，像我這樣有著一定的料理資歷、學習全新料理時，面對陌生不熟悉的領域，必須放下心中既定的料理模式與想法，以開放的心態去面對並接受不一樣的文化，時常需要一定的心理建設，所以有時，反而羨慕像真炅這樣的人，可以沒有罣礙地面對料理，也因為學習的方向正確，加上日日三餐煮了十一年，奠定了她深厚的料理技巧。

雖然遵循著傳統的韓國料理技巧，不過年輕的真炅的餐桌，就不像其他韓國媽媽那樣傳統，她使用新式的餐具來妝點餐桌，她笑說，都是從網路上買的，果然出了廚房，還是回到年輕女孩子的本色，就像她的年紀；我們邊吃飯邊聊，她說，常常羨慕自己同年齡的朋友或同學，有著多采多姿的生活，我想著，雖然韓國社會對女性的傳統角色加諸許多限制，但現在新一代許多韓國女性突破枷鎖、選擇做自己，看著她說起別人時的欣羨表情，我安慰她，妳的成就就是這個被妳照顧得無微不至的家庭，還有，小孩長大後，妳還很年輕，那時，除了時

宋太太

本名：李真炅

年齡：31 歲（1985 年出生）

料理資歷： 11 年

現居地：韓國・仁川

間，妳更有智慧去追求自己想要的。真炅笑，當時間到了，想為自己做更多事，比如說唸書、旅行等等。不是每個人很幸運地在年輕時，就確定自己要走的路，經歷漫長跌撞的崎嶇，能找到自己的角色、書寫自己故事的人，都是可以數算的恩典，那些苦澀的日子，就像剝洋蔥，總是刺眼、嗆到想哭，唯有經過大火的熬煉，才得以激迸出甜美汁液、香氣盈人，每個人的人生都是一幅美妙的藍圖，有自由意志、還可以修改，人生的滋味還是得自己親自下廚烹調；我與真炅互相鼓勵，並且邀請她，日後如果到台灣旅行時，來當一日料理老

師，希望，我們的計畫真有成行的那一天。

註 3
韓國人的名字都是用漢字寫的，甚至有很多是我們不常使用的字，因古時的韓國是使用中國的漢字，古籍資料也僅有漢字，現在所見到符號式的韓文是在西元十四世紀之後才創建的，1945 年開始，韓國政府為了去中國化而逐步廢除漢字，以致現在韓國年輕人不懂漢字，只知道自己名字的漢字，但有時是相反兩種意義的漢字卻是讀音相同的韓文，如防水與放水的防與放在韓文讀音上相同，意義卻相反，因為讀音混淆而導致重大錯誤的事件常常發生，所以近年來又開始主張從小學生開始學習漢字。

涼拌蘿蔔絲 무무침

食材

白蘿蔔 ⋯⋯⋯⋯⋯ 100g

麻油 (拌炒用) ⋯⋯ 適量

脫水用

鹽 ⋯⋯⋯⋯⋯⋯⋯ 適量

調味料

麻油 ⋯⋯⋯⋯⋯ 1 小匙

蔥末 ⋯⋯⋯⋯⋯⋯ 1 支

蒜泥 ⋯⋯⋯⋯⋯ 1/2 小匙

白芝麻 ⋯⋯⋯⋯⋯ 適量

作法

① 將白蘿蔔切絲，加鹽略微搓揉，靜置約 20 分鐘，使其去除水份，注意不要放置過久，會過鹹。將白蘿蔔絲洗淨，擠乾水份。

② 鍋內倒入麻油熱鍋，放入蔥末略微翻炒後，放入白蘿蔔絲。

③ 加入少許水與蒜泥同炒。

④ 炒至幾乎沒有水份後，取出放入調理碗內，拌入蔥末、白芝麻和麻油即完成。

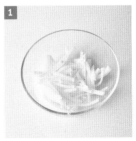

涼拌螺肉 골뱅이무침

食材

螺肉 ⋯⋯⋯⋯⋯⋯ 110g

芹菜 ⋯⋯⋯⋯⋯⋯ 40g

胡蘿蔔 ⋯⋯⋯⋯⋯ 20g

蔥 ⋯⋯⋯⋯⋯⋯⋯ 1 支

小黃瓜粗絲 ⋯⋯⋯ 50g

調味醬

辣椒粉 ⋯⋯⋯⋯⋯ 1 小匙

玉米糖漿（或梅汁）1 小匙

釀造醬油 ⋯⋯⋯⋯ 2 小匙

白醋 ⋯⋯⋯ 1 又 1/2 小匙

作法

① 將芹菜切成約 4cm 的段狀，胡蘿蔔切粗絲，蔥切成約 3cm 的段狀。

② 將螺肉蒸熟（或煮熟），取出過冷水備用。

③ 將所有調味醬料放入調理碗內調拌均勻。

④ 將螺肉與所有蔬菜放入調理碗拌勻即完成。

涼拌芹菜 미나리 무침

食材

芹菜（或鴨兒芹）……50g
白芝麻 …………… 適量

調味醬

辣椒粉 ………… 1 小匙
玉米糖漿 ………… 10ml
醬油 …………… 1 小匙
蒜泥 ………… 1/2 小匙

作法

① 將芹菜洗淨，晾乾，再切成長約 6cm 的段狀備用。

② 將所有調味醬料放入調理碗調拌均勻。

③ 放入芹菜，抓拌均勻。

④ 盛盤後，撒上白芝麻即完成。

甜醬魚乾 쥐포볶음

食材

魚乾 ···· 1 片（約 35g）

核桃 ················ 15g

黑芝麻 ············ 適量

橄欖油 (拌炒用) ·· 少許

調味料

美乃滋 ·············· 10g

蒜泥 ··········· 1/2 小匙

醬油 ·············· 1 小匙

玉米糖漿 ·· 1 又 1/2 小匙

作法

① 將核桃略微切碎，以乾鍋略為烘烤備用。以乾鍋烘魚乾兩面備用。

② 以手撕碎魚乾，放入調理碗內，與美乃滋拌勻。

③ 平底鍋倒入橄欖油熱鍋，放入蒜泥、醬油，略炒後放入步驟 2 翻炒至收乾水份。

④ 熄火後放入糖漿、黑芝麻與核桃拌勻即完成。

涼拌黃豆芽 콩나물무침

食材

黃豆芽 ⋯⋯⋯⋯⋯ 100g

調味醬

麻油 ⋯⋯⋯ 1 又 1/2 大匙

蔥末 ⋯⋯⋯⋯⋯⋯ 適量

鹽 ⋯⋯⋯⋯⋯⋯⋯ 適量

黑芝麻 ⋯⋯⋯⋯⋯ 適量

作法

① 將黃豆芽放入滾水中燙煮，約 3 分鐘，撈出瀝乾備用。

② 將所有調味醬料放入調理碗，放入黃豆芽拌勻即完成。

Tips

● 如喜歡醬香味，則鹽的部分可以湯醬油取代。

Chapter.4 仁川宋太太的新穎餐桌　181

大醬拌蘿蔔葉乾 청국장 무시래기 무침

食材

蘿蔔葉乾 ⋯⋯⋯⋯⋯ 50g

小魚乾 ⋯⋯⋯⋯⋯⋯ 5g

調味料

大醬 ⋯⋯⋯⋯⋯⋯ 15g

磨碎芝麻 ⋯⋯⋯⋯ 1 大匙

辣椒粉 ⋯⋯⋯⋯⋯ 1 小匙

醬油 ⋯⋯⋯⋯⋯⋯ 1 小匙

蒜泥 ⋯⋯⋯⋯⋯⋯ 1 小匙

作法

① 將蘿蔔葉乾泡水 10 ～ 15 分鐘或泡至軟化，取出擠乾水份，切成長約 4cm 的段狀備用。

② 將小魚乾先拿掉頭部和腹部，再撕成細條狀備用。

③ 調理碗內放入大醬、磨碎芝麻、辣椒粉、醬油和 30ml 的水，調拌均勻。

④ 將蘿蔔葉乾與小魚乾放入步驟 3 中拌勻，醃漬 30 分鐘或冰箱冷藏 2 個小時。

⑤ 將平底鍋加熱，放入醃漬好的蘿蔔葉乾翻炒。

⑥ 續入蒜泥，翻炒至沒有水份即完成。

Tips

● 小魚乾拿掉頭部與腹部，有助於降低腥味。

夾餡小黃瓜泡菜 오이 김치

食材

小黃瓜 ⋯⋯⋯ 3～4 條

脫水用

鹽 ⋯⋯⋯⋯⋯⋯ 40g

砂糖 ⋯⋯⋯⋯⋯ 20g

水 ⋯⋯⋯⋯⋯ 40ml

醃漬醬

辣椒粉 ⋯⋯⋯⋯ 10g

蒜泥 ⋯⋯⋯⋯ 1 小匙

魚露 ⋯⋯⋯⋯ 1 小匙

蝦醬 ⋯⋯ 1 又 1/2 小匙

胡蘿蔔絲 ⋯⋯⋯ 35g

韭菜 ⋯⋯⋯⋯⋯ 25g

辣椒絲 ⋯⋯⋯⋯ 1 支

蔥末 ⋯⋯⋯⋯⋯ 適量

洋蔥絲 ⋯⋯⋯⋯ 30g

砂糖 ⋯⋯⋯⋯ 1 大匙

作法

① 將小黃瓜切成 4cm 的段狀，頭尾分別切出刀口，如圖示。

② 將步驟 1 放入容器，加入鹽、砂糖與水搓揉，靜置 20 分鐘使小黃瓜釋出水份。

③ 在調理碗中放入所有醃漬醬料，抓拌均勻。

④ 以滾水沖燙小黃瓜，取出瀝乾備用。

⑤ 將步驟 3 以手塞入小黃瓜中，放入容器中冷藏即完成。視發酵狀況（約 1～2 天），約 3～7 天內食用完畢。

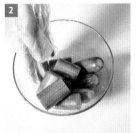

蘿蔔葉泡菜 나물무침

食材

新鮮蘿蔔葉 ……… 300g
白芝麻 …………… 適量

脫水用

鹽 ………………… 適量

醃漬醬

辣椒粉 ………… 1 小匙
蒜泥 ……………… 5g
薑末 ………… 1/2 小匙
洋蔥泥 ………… 25g
洋蔥末 ………… 10g
水梨泥 ………… 40g
玉米糖漿 ‥ 1 又 1/2 大匙
魚露 ………… 1/2 小匙
麵粉 ……………… 30g
水 ………… 90ml

作法

① 將蘿蔔葉均勻撒上鹽後，靜置使其出水，視室溫約 1 ～ 2 個小時。

② 將出水的蘿蔔葉洗淨，擠乾水份備用。

③ 將麵粉加水，煮成麵糊，放涼備用。

④ 將麵糊與所有醃漬醬拌勻，再放入蘿蔔葉拌勻，裝入容器。

⑤ 放入冰箱冷藏，約三～五天後即可食用。

⑥ 盛盤後撒上少許白芝麻即完成。

白菜煎餅 배추파전

食材

白菜葉 ……………… 3 片

煎餅粉 ……………… 100g

水 …………………… 170ml

紅辣椒末 …………… 1 支

作法

① 將白菜葉過熱水，取出瀝乾備用。

② 將煎餅粉加水調勻，即為煎餅糊。

③ 將煎餅糊裹在白菜葉上，再撒上紅辣椒末。

④ 平底鍋倒油，加熱，放入步驟 3 煎至兩面略微呈金黃色，盛起切成寬約 5cm 的段狀即完成。

 # 芝麻麵疙瘩 강원도 칼국수

食材	麵疙瘩（3～4 人份）	高湯

食材

馬鈴薯 ┄┄┄┄┄ 75g
洋蔥 ┄┄┄┄┄┄ 50g
櫛瓜 ┄┄┄┄┄┄ 50g
蛤蠣 ┄┄┄┄┄┄ 170g
大蔥片（取蔥白）┄┄ 1 支
辣椒片 ┄┄┄┄┄ 1 支
蒜片 ┄┄┄┄┄┄ 1 瓣

麵疙瘩（3～4 人份）

全麥粉（或蕎麥粉）70g
水 ┄┄┄┄┄ 40～45g
鹽 ┄┄┄┄┄ 1/4 小匙

調味料

魚露 ┄┄┄┄ 10～12ml
磨碎芝麻 ┄┄┄┄ 3 大匙

高湯

明太魚頭 1 個（約 10g）
沙丁魚乾 ┄┄┄┄┄ 10g
乾昆布 ┄┄┄┄┄┄ 5g
乾蔥根 ┄┄┄┄┄┄ 2 個

① 將全麥粉（或蕎麥粉）加水與鹽，揉成麵糰，以保鮮膜密封，
　放入冰箱冷藏至少 6 個小時使其鬆弛 (或一個晚上)。

② 將高湯材料加入 750ml 的水，大火滾後轉小火，燉約 40 分
　鐘，再濾掉所有食材。

③ 高湯入鍋，煮滾，先放入蛤蠣煮，一開口即取出備用。

④ 再將馬鈴薯切塊、洋蔥切絲再分切成 3 等份、櫛瓜切成厚
　片再切 4 等份，放入高湯中，小火滾煮約 5 分鐘。

⑤ 以手捏全麥麵糰呈小圓片狀，放入高湯中，煮約 5 分鐘。

⑥ 加入大蔥片、辣椒片、蒜片略煮，最後以魚露調味，撒上
　磨碎芝麻即完成。

Tips

● 此道料理為江原道鄉土料理，關於料理說明，請參閱 P.8。

老泡菜豬肋排鍋 돼지갈비 김치찜

食材

豬肋排 ·················· 450g

老泡菜 ·················· 適量

乾蔥根 ·················· 2 個

月桂葉 ·················· 3 片

蔥末 ·················· 1 支

調味醬

辣椒粉 ·················· 5g

醬油 ·················· 1 大匙

玉米糖漿 ············· 1 大匙

蒜泥 ·················· 10 ～ 12g

黑胡椒 ·················· 適量

生薑酒 ·················· 1 大匙

（或以 1 大匙的清酒和 1/2 小
匙的薑泥混合而成）

作法

① 將豬肋排泡於冷水中 2 小時，去除血水。

② 鍋內加入 1L 的水，放入乾蔥根、月桂葉與豬肋排，先開大火，滾後轉小火，燉約 30 分鐘，取出乾蔥根、月桂葉。

③ 將調味醬料全部放入調理碗內拌勻。

④ 將步驟 3、老泡菜、步驟 2 放入鍋中，加入 800ml 的水，滾後轉小火燉約 40 分鐘。

⑤ 盛盤後撒上蔥末即完成。

韓食小故事

● 韓國餐桌上的剪刀文化

在韓國吃飯，不論餐廳或家庭，餐桌上或餐桌邊常常會放置一把廚房剪刀，這是為了方便食用像這道料理而放的，料理做完、端上餐桌，才以剪刀將老泡菜剪成適合入口的大小。在韓國吃冷麵時，服務人員常拿著剪刀替客人剪蕎麥麵條，或是烤肉時，替客人把肉片剪成一口大小，這種餐桌上見剪刀的飲食文化，源於韓國料理的形狀，為了方便食用而成為一種到處可見到的景象。

薏仁飯 의이인밥

食材

薏仁 ……………………………………… 1 杯
水 ………………………………………… 1 杯

作法

① 將薏仁浸泡於水中（份量外）約 2 小時。

② 將泡好的薏仁放入電鍋或土鍋中，加水煮熟即完成。

韓食小故事

- 在韓國，吃飯的時候，如果有一鍋湯品，常常吃到一半，就會將飯泡到湯碗中一起吃，或者舀起一匙飯，泡到湯內，再一大口品嚐，我對這種吃飯的方式不陌生，因為小時候偶爾也喜歡這樣吃，大概源於台南湯湯水水的飲食文化吧！

跟著李媽媽一起
上市場、做料理，
樂當一日韓國料理人。

新嫁娘 Amy，才剛結婚不久，還在學習怎麼當一個韓國媳婦，在這種時候，非常謝謝她有勇氣接受我，跟著她婆婆學習韓國的媽媽味。我跟 Amy 先約在家附近的地鐵站，當我們碰面時，可愛的 Amy 急著買一個新的飯碗與湯碗，這是韓國餐桌文化裡，每個人一定要有的基本餐具。她說，因為我的到來，發現少了一組，我很不好意思，新客人的加入，讓大家都忙碌著，基本的餐具在韓國的超市很容易買到，韓國餐桌與台灣相似，每個人有自己的

飯碗，但不像台灣，常常把飯碗當湯碗用，韓國的湯碗比飯碗略大，也是個人基本餐具。買到了飯碗與湯碗，Amy 帶著我坐公車，回到她家。

這原本是公公與婆婆居住的家，在婚後，成為 Amy 與她先生的家，公婆搬到華城居住，因為家裡的工廠就在那兒，為了我的學習，婆婆特別從華城回來老家。在廚房忙碌著，和藹可親的婆婆一見到我，放下手邊工作，我們簡單地打著招呼，因為語言不通，除了跟 Amy 講

些簡單的韓文之外，她總一直對我笑著，什麼電視劇中精明能幹的婆婆，感覺上只在韓劇中出現。

春末的韓國因為氣候變化，也變得熱起來，李媽媽做著炎熱夏天最開胃的泡菜—水泡菜，這也是我很喜歡的泡菜之一，水泡菜可不是只有吃吃泡菜而已，那泡菜水可以當冷麵的湯汁，也能加在飯裡面，變成湯飯，或者當作調味汁使用，有著許多變化。做泡菜使用的辣椒粉，李媽媽隨便拿出就是一大袋，不是超市那種一小包一小包的，我有點

吃驚，Amy 解釋說，因為親戚住在鄉下，種了許多蔬果，當然包括辣椒，所以收成後，會拿到店鋪請人磨成粉，裝成一袋一袋的，一次種出的辣椒，供一整年使用，這種取用食材的方式，對現代都市人來說，是最奢侈的，自家種的有機蔬果，一年到頭供應家裡的廚房。後來我發現很多韓國家庭是這樣的，總有親戚住在鄉下，也總是會收到自家種的蔬果，韓國的食材旅程，許多產地到餐桌是直線距離，不轉手他人，我怎麼沒有種蔬果的親戚呢？！

一邊聊天一邊烹煮菜餚，我跟 Amy 聊著，這幾年認識許多嫁到國外或住在國外的女孩們，總是佩服這樣的女生，尤其嫁給外國人，要適應對方的文化並且在陌生的地方生活著，新婚的她，正在上課，是韓國政府為外籍新娘所開設的文化與語言課程，一週要上三次課，感覺很不輕鬆呢！住在國外，首當其衝的就是每日的柴米油鹽醬醋茶，面對市場內陌生的食材、不熟悉的烹調技法，要照顧外國丈夫的胃，跟居住在台灣相比，是大不易的生活要事，不過因為婆婆對 Amy 沒有任

何要求，所以生活與適應上相對輕鬆，我深信，這樣的沒要求就是一種至上的支持。

我們準備好中飯時，飯床又被抬了出來，桌上擺滿剛做好的水泡菜、主食與湯，當然還有泡菜冰箱內早就準備好的各種泡菜，跟韓國家庭一起用餐，這時的我，已經越過初期的障礙，那就是韓國人吃飯，相濡以沫，沒有公筷母匙這件事，在自己家倒是還好，都是親近的家人，但是如果與公司同事聚餐、或是朋友相約吃飯，鍋物、湯品，不

論桌上的任一盤小菜，不分彼此，都是用自己的筷子或湯匙舀來吃喝的。以湯匙吃飯，精精實實地把湯匙全放入嘴巴，舔食乾淨，然後拿來舀湯，大家的動作是一樣的，我第一次到訪首爾時，雖然早就知道這樣的飲食文化，但真要接受時，必須強忍著害怕的心情，讓自己入境隨俗，台灣早期也是這樣的飲食文化，因為公共衛生的考量，後來政府推行公筷母匙，不過韓國人依然固執地「遵守傳統」，關於這一點，我還在適應中。

在李媽媽教我的料理中，有一道對台灣人來說很特別的菜，那就是桔梗根，桔梗根在韓國是常見的食材，但在餐廳附送的小菜倒是比較少見，因為桔梗根價格較高，桔梗不是台灣花市或花店見到的桔梗花，是另一種在日本或中國常見到，僅有五片花瓣的桔梗花，它的根貌似人蔘，吃起來也真有一股人蔘的清苦味。在華人世界，曬乾的桔梗根是中藥材之一，新鮮的桔梗根在韓國的市場很容易見到，不過，市場看到的桔梗根已經沒有人蔘的外貌，通常已經削皮，切成長

條狀，買來的桔梗根，可以像其他做泡菜的蔬菜一樣，不需經過煮的過程，只要加鹽脫水後，直接與醬料一起醃漬即可，是韓國普遍常見但台灣無法做的一種泡菜。

這天下午，李媽媽帶著 Amy 跟我，去傳統市場買菜，我喜歡逛市場，但如果是傳統市場，那更是歡喜，比起超市，在這裡可以見到食材的更多樣貌，經由走訪傳統市場，認識更多的在地食材，去過的幾個韓國傳統市場，氣氛與環境都與台灣非常相似，人聲鼎沸、摩肩擦踵，

小販的叫賣與婆媽的討價聲，生鮮的氣味、發熱的燈泡、潮濕的路面，如果不是看到陌生的食材，還真彷彿是在台灣，李媽媽補買食材，我也跟著買乾貨，明太魚乾、新鮮人蔘等等，Amy 與婆婆努力地想了解我想買哪些物品或食材，店家聽著 Amy 的口音，還會跟婆婆聊起來，從婆婆的神情來看，好像家裡多了個台灣人媳婦是一件值得驕傲的事。當全部採買完畢，往出口走時，Amy 看到魟魚尾巴所做的辣醬生魚片，說要讓我嚐一嚐，這是韓國人很喜歡的一味。把新鮮的魟魚尾巴

李媽媽

本名：馬彩子
年齡：58 歲（1959 年出生）
料理資歷：33 年
現居地：京畿道・華城市

切下，切成一段一段，與辣醬、新鮮蔬菜一起拌勻，裝入盒中後，老闆再塞入一大把新鮮水芹。吃魟魚尾巴一定要非常新鮮，不然一股很重的腥臭味會嚇跑人，魟魚尾巴內的軟骨是老饕視為好吃的一部分，就是要這卡滋卡滋的口感！

在市場出口處，Amy 看到喜歡吃的雞蛋糕，吃來真的像台灣的雞蛋糕，只是韓國的蛋糕糊調得較甜，個頭小小一個，只有手掌的四分之一大小呢！婆婆再次跟媳婦確定一次，「真的要吃嗎？」Amy 嘟起嘴

來，點頭撒嬌，看著 Amy 和婆婆的互動，我想，她一定可以幸福地在異地展開新生活，雖然語言經常不相通，但不論是她或是我，想把料理做好的心情，總是不言可喻，被韓國婆婆理解著，這一程，如同以往的每一程，我的行李箱永遠都是滿滿的在地食材與韓國媽媽們的愛護知心。

辣味水泡菜 물김치

食材

白蘿蔔 ………… 75g

白菜 ………… 100g

胡蘿蔔 ………… 55g

小黃瓜 ………… 90g

蔥（或珠蔥）……… 20g

冷開水（或昆布水）480ml

調味料

粗鹽 ………… 4g

粗辣椒粉 1 又 1/2 大匙
（或視嗜辣程度斟酌）

蒜泥 ………… 1/2 小匙

薑末 ………… 1/3 小匙

砂糖 ………… 10g

作法

① 將白蘿蔔、胡蘿蔔、小黃瓜皆切成厚約 0.3cm 的片狀。

② 將白菜切小塊、蔥切成 4cm 的段狀。

③ 將所有蔬菜放入調理碗中，放入所有調味料（除了粗辣椒粉）拌勻，再加入冷開水。

④ 將粗辣椒粉放在細濾網中，拿湯匙在調理碗中攪拌，小心不要讓辣椒粉直接加入水中。

⑤ 以保鮮膜密封調理碗後，放在室溫大約半天，讓泡菜熟成，再放入冰箱冷藏半天即完成。

Tips

● 做水泡菜如要使用昆布水，請將昆布泡於冷開水中，非生水。

涼拌蘿蔔乾 무말랭이무침

食材

蘿蔔乾 ………… 30g

白芝麻 ………… 適量

調味醬

蔥末 ………… 1 小匙

釀造醬油 ……… 1 小匙

辣椒粉 ………… 1 小匙

朝鮮醬油 ……… 1 小匙

蒜泥 ………… 1 小匙

砂糖 ………… 小匙

作法

① 將蘿蔔乾放在水裡搓揉洗淨，泡水使其完全軟化，取出擠乾水份備用。

② 將所有調味醬放入調理碗內拌勻。

③ 再放入步驟 1 抓拌均勻，撒上白芝麻即完成。

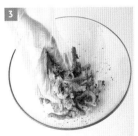

Tips

● 蘿蔔乾泡水時，不需要使用大量的水泡軟，如果水太多，蘿蔔乾的味道、養分會過度流失。

醬拌海苔 김무침

食材

海苔 3 片（20×20cm）

白芝麻 ……………… 適量

調味料

釀造醬油 ……… 1 小匙

朝鮮醬油　1 又 1/2 小匙

水 ………………… 40ml

砂糖 …………… 1 小匙

麻油 …………… 2 小匙

作法

① 在小鍋中放入調味料（除了砂糖和麻油），
   煮至滾。

② 將糖續入小鍋中，融化後放入麻油即熄火。

③ 海苔以手隨意撕碎，放入醬汁鍋中拌勻。

④ 盛盤後撒上白芝麻即完成。可現做現吃，或
   冷藏保存，2 天內食用完畢，風味最佳。

涼拌杏鮑菇 새송이볶음

食材

杏鮑菇 ·············· 110g

白芝麻 ·············· 適量

紫蘇油 (拌炒用) ·· 適量

調味料

麻油 ·············· 1 小匙

鹽 ···················· 適量

蒜泥 ·············· 1/2 小匙

蔥末 ··············· 適量

作法

① 將杏鮑菇切成約 0.5cm 的粗條。

② 平底鍋加熱後，倒入紫蘇油，放入杏鮑菇，以小火翻炒，再放入蔥末與鹽翻炒。

③ 盛出放入調理碗內，加入蒜泥、蔥末、白芝麻與麻油，拌勻即完成。

涼拌芝麻葉 깻잎

食材

芝麻葉 ……………… 20 片

醃漬醬

蔥末 ……………… 適量

蒜泥 ……………… 1/2 小匙

醬油 ……………… 2 小匙

白芝麻 …………… 1 小匙

辣椒粉 ………… 1/2 小匙

紫蘇油 …… 1 又 1/2 大匙

作法

① 將芝麻葉洗淨，晾乾備用。

② 在調理碗內加入醃漬醬所有材料，調拌均勻。

③ 每一片芝麻葉上均放約 1/2 大匙的醃漬醬，再覆蓋上一片芝麻葉，續放醃漬醬，放上所有的芝麻葉，盛到盤上即完成。

韓食小故事

- 涼拌芝麻葉和熱白飯是好朋友，技巧好的韓國人會夾一片芝麻葉放到熱白飯上，以筷子將白飯捲到芝麻葉裡，一口吃下，輕飄飄的海苔也能做到這樣，對我來說，這樣使用筷子需要多一點練習。

 # 珠蔥泡菜 파김치

（請參閱 P.30）

食材	醃漬醬	
珠蔥 ············· 100g	小魚乾 ················ 20g	魚露 ··········· 1/2 小匙
	昆布高湯 ············· 30ml	辣椒粉 ·········· 2/3 大匙
脫水用		蒜泥 ··········· 1 小匙
水 ············· 400ml	蝦醬 ·········· 1/2 小匙	砂糖 ··········· 1 大匙
鹽 ············· 1/2 杯		
糖 ············· 1/2 杯		

作法

① 將珠蔥的根部切掉，摘除枯葉，浸於鹽水中大約 1 ～ 1.5 個小時，中間翻面約 2 ～ 3 次。

② 將珠蔥洗淨瀝乾水份，放在篩網上晾至水份稍乾。

③ 將小魚乾摘掉頭與腹部，以手撕成細條或以磨臼搗成粗粒，以 30ml 的昆布水浸泡約 30 分鐘。

④ 將小魚乾和昆布高湯放入調理盆中，放入其它醃漬醬的材料拌勻。

⑤ 放入珠蔥抓拌至混合均勻。

⑥ 以 3 ～ 4 根珠蔥為一捲，從中折起來，尾端的蔥綠捲起綑綁，放入容器中，新鮮做好即可食用。夏天可放在室溫下約 4 ～ 6 小時使其熟成，再放入冰箱冷藏保存，二至三個星期內食用完畢。

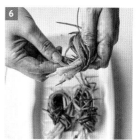

小白菜泡菜 배추김치

食材

小白菜 ……………… 500g

脫水用

鹽 …………………… 20g

醃漬醬

蒜泥 ………………… 10g

魚露 ………………… 8ml

蝦醬 ……………… 1/2 小匙

薑末 ……………… 1/2 小匙

辣椒粉 ……………… 10g

砂糖 ………………… 5g

作法

① 將小白菜的根部切掉，撒上鹽，靜置 1 ～ 2 個小時至出水，擠乾水份備用。

② 將醃漬醬的所有材料調拌均勻。

③ 將小白菜放入醃漬醬中，抓拌均勻。

④ 裝入保存盒保存，再放入冰箱冷藏即完成，10 天內食用完畢。

豆腐鍋 두부 찌개

食材

乾昆布 ………………… 3g

小魚乾 ………… 3〜5 尾

嫩豆腐 ………………… 1 塊

蛤蠣 ………………… 70g

新鮮香菇 ………… 2 朵

雞蛋 ………………… 1 顆

調味料

朝鮮醬油 ………… 1 小匙

蒜泥 ………… 1/2 小匙

蔥末 ………………… 適量

辣椒粉 ………… 1 小匙

辣椒細粉 ………… 適量

苦椒醬 ………………… 15g

作法

① 將昆布與小魚乾放入一人份陶鍋中，泡水約 15 分鐘，煮滾後，拿掉昆布與小魚乾，即為高湯。

② 將香菇切片備用，豆腐切成 1cm 的正方體備用。

③ 將高湯放入小鍋中，煮滾後放入蛤蠣，蛤蠣一開口即馬上取出備用。

④ 放入苦椒醬與辣椒粉，苦椒醬煮開後，即放入香菇，略微煮滾。

⑤ 放入豆腐，再度煮滾。

⑥ 放入醬油與蒜泥後，將雞蛋打入，放入蛤蠣，撒上蔥末即完成。

Tips

- 韓國豆腐鍋的食材非常多樣化，可放肉片、各種海鮮、魚板、餃子、泡菜、蔬菜等等，並不限定於本食譜中的食材。在韓國，豆腐鍋所使用的豆腐稱為朧豆腐（鹽滷剛加入不久即馬上放入模型做成豆腐，是所有豆腐產品中最軟嫩的），比台灣嫩豆腐更水嫩的質地，不論在市場或超市，都是裝成一長條形袋裝產品。烹煮豆腐鍋時，並不拿出來切，而是整袋放入豆腐鍋，隨意以湯匙切成不等大小。

烤豬五花 佔겹살

食材

豬五花 …………… 230g

醃漬醬

洋蔥 ……………… 65g

大蔥 ……………… 35g

蒜泥 …………… 1 小匙

醬油 ………… 2/3 大匙

砂糖 …………… 1 小匙

苦椒醬 ………… 20g

辣椒粉 ………… 1 小匙

白芝麻 ………… 適量

薑末 …………… 1 小匙

梨子汁 ………… 30ml

青陽辣椒 ……… 適量

生菜盤（份量隨個人喜好）

沙拉用生菜 2 ～ 3 種

紅辣椒片

青陽辣椒片

芝麻葉

蒜片

作法

① 將洋蔥切絲、大蔥斜切小段。

② 將所有醃漬醬的材料放入調理碗內拌勻。

③ 豬肉切成約 0.7cm 的片狀或厚片均可。

④ 將豬肉放入醃漬醬內拌勻，放入密封容器，冷藏至少 4 個小時（或一天）。

⑤ 加熱平底鍋，將豬肉連同醃漬醬放入平底鍋內（如醃漬醬太多，則視情況添加）。

⑥ 翻炒至剩下少許的湯汁，或肉的熟成度剛好即完成。

牛肉海帶湯 쇠고기 미역국

食材

牛肉炒肉片 …………… 50g
韓國乾燥海帶 ………… 10g

調味料

麻油 ………………… 適量
蒜泥 ………………… 1 小匙
朝鮮醬油 …………… 1 小匙

作法

① 將海帶泡水至軟化，瀝乾後切成小段狀。

② 將炒肉片切得比一口小大小再更小些。

③ 熱鍋後，加入麻油，放入牛肉與一半的蒜泥，炒至牛肉表面變色。

④ 續入海帶略微翻炒。加入 300ml 的水，以醬油調味。

⑤ 煮至沸騰後，轉小火煮約 5 分鐘。

⑥ 放入剩下的蒜泥，再煮約 2 分鐘即可。

Tips

● 在韓國，可買到牛碎肉是專門煮海帶湯用的，稱為 Miyoku 的 Sogogi，但韓國的牛肉分的部位與世界標準不同，韓牛有自己的分級標準與分切部位。在台灣，可以買炒肉片取代，因為炒肉片切得比火鍋肉片厚，比較適合做這道湯品。

韓食小故事

● 在台灣，坐月子的產婦吃麻油雞，在韓國，坐月子則是喝牛肉海帶湯，牛肉含鐵補血，海帶有大量的鈣，蒜頭可以恢復精力，這道湯清爽又有營養。在韓國，除了是產婦聖品，也是過生日時，韓國媽媽會為過生日的人準備的湯。

做給歐巴吃的
韓劇料理

韓劇的迷人之處，大概看過的人都能領略，從韓劇的內容可以看到韓國社會的縮影或時下潮流與文化，我最喜歡看的，當然是那些與食物有關的鏡頭，有時還要停格，仔細看一下餐桌上其它的菜色與餐桌擺設，韓劇中出現的料理很多，大部份都是韓國人生活常常吃的食物，下次，不要只跟著劇中人物哭或笑，就一起品嚐一樣的味道吧！

炸醬麵

짜장면

—取材自韓劇《繼承者們》

（食材）

麵條 ················ 300g
小黃瓜絲 ··········· 適量
豬絞肉 ·············· 80g
胡蘿蔔 ·············· 50g
洋蔥 ················· 40g

（調味料）

春醬 ········· 60g
沙拉油 ··········· 1 大匙
蒜泥 ·············· 1 小匙
薑末 ············· 1/2 小匙
砂糖 ·············· 1 大匙
太白粉 ············· 小匙

（作法）

① 鍋內倒入油，熱鍋，放入胡蘿蔔末和洋蔥末略炒，再放入豬絞肉、蒜泥、薑末一起拌炒。

② 肉炒熟後，加入春醬拌炒均勻。

③ 加入 1/2 杯的水、砂糖，煮滾後，以小火滾約 4 ～ 5 分鐘。

④ 將太白粉加少許水調勻，放入鍋中拌勻，即完成黑醬。

⑤ 另起煮麵鍋煮麵條，煮熟瀝乾盛入大碗中，淋上步驟 4，放上小黃瓜絲即完成。

韓食小故事

- 韓式炸醬麵在韓國並不屬於韓國料理，韓國人認定自己改良的這款炸醬麵是中國菜，炸醬麵起初是在仁川的中國城流行著，後來漸漸成為韓國人最愛的麵食之一，韓式炸醬麵使用稱為「春醬」的黑色醬汁，春醬內含黑豆醬、甜麵醬等，調味較甜。在外送服務超發達的韓國，炸醬麵是外送名單中常常出現的品項，韓國外送服務常常跟著餐具（比如說裝炸醬麵的瓷碗）一起送來，吃完後，放在門外，外送人員會定時來收，為什麼外送服務發達？因為韓國人不喜歡一個人上餐館吃飯，這樣會被認為沒朋友、孤僻或個性奇怪，所以單身找不到人吃飯的韓國人這時就得點外送服務了。

攪拌均勻就可以吃囉！

醬蟹 게장

──取材自韓劇《一起吃飯吧》

食材

母花蟹 ………… 3 ～ 4 隻
（或任一種母海蟹）

醃漬醬

蒜頭瓣 …………… 50g
生薑片 …………… 20g
去籽乾辣椒 ……… 2 支
醬油 …… 650 ～ 700ml

高湯

小魚乾 …………… 30g
水 ………………… 2 杯
清酒 …………… 50ml

作法

① 將螃蟹以刷子洗乾淨，放在網籃裡瀝乾水份。

② 將蒜頭去皮，生薑去皮切片，乾辣椒切段備用。

③ 將螃蟹和所有的醃漬醬材料放入瓶子中，放入冰箱冷藏。

④ 隔天，製作小魚乾高湯，將小魚乾和水放入鍋中，滾後以小火煮約 10 分鐘，濾掉小魚乾，即完成高湯。

⑤ 將步驟 3 的醃漬醬倒入放鍋中，煮滾後撈除浮沫，倒入小魚乾高湯，再次煮滾後倒入清酒，馬上熄火。待醃漬醬汁冷卻後，倒回瓶中。

⑥ 第三天和第四天重複步驟 4 ～ 5 的作業，接著讓螃蟹醃漬 10 ～ 15 天即完成。

Tips

- 請使用活蟹製作，放入醃漬醬汁前，盡量保持螃蟹的新鮮與活力。

- 醬蟹可以整隻品嚐，也可以做成醬蟹飯，將蟹蓋打開，填入白飯，入口前與蟹黃拌勻。

- 醬蟹也可以做成拌飯，在大碗內先放入白飯，取出蟹黃和蟹肉放入大碗，取 P.138 的烤海苔，以手隨意撕碎放入大碗，撒上少許白芝麻，放上一顆生蛋黃即完成。

韓式炸雞 치킨

—取材自韓劇《來自星星的你》

食材

雞腿翅（或雞腿塊）‥600g
麵粉 ························ 80g
馬鈴薯粉（日本片栗粉）
或太白粉 ·············· 80g
炸油 ···················· 適量
白芝麻 ················· 適量

醃漬醬

醬油 ················ 2 大匙
麻油 ················ 2 大匙
清酒 ················ 2 大匙

裹醬

辣椒粉 ·············· 2 大匙
苦椒醬 ·············· 2 大匙
醬油 ········ 1 又 1/2 大匙
梅汁 ················ 4 大匙
水 ···················· 2 杯
黑胡椒 ·············· 適量

作法

① 將雞肉放入調理碗內，放入所有的醃漬材料抓拌均勻，靜置約 30 分鐘。

② 將麵粉與馬鈴薯粉（1：1 的比例）放入大調理盤中，再將醃漬好的雞肉均勻沾裹上粉料，靜置約 3 ～ 5 分鐘。

③ 再次將雞肉裹粉，稍微以手捏緊。

④ 起油鍋，加熱至約 180 度，放入步驟 3，炸至表面呈金黃色，內部約 8 ～ 9 分熟，撈起瀝油備用。

⑤ 將裹醬所有的材料放入調理碗拌勻，倒入平底鍋，開火燒煮。

⑥ 煮至醬料略微滾時，放入步驟 4 翻炒，炒至炸雞皆均勻裹上醬料且醬料略乾，撒入白芝麻，即完成。

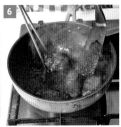

韓食小故事

• 韓式炸雞本是受歡迎的小吃，韓國人喜歡吃炸雞配啤酒，更因為這樣發展出新的單字，炸雞韓文讀音是 Chee Kin，啤酒韓文讀音是 Maek Ju，取其這兩個單字的第一個音，合起來唸為 CheeMaek，在韓國，如果說要吃 CheeMaek，意思就是炸雞加啤酒。

石鍋拌飯

—取材自韓劇《浪漫滿屋》

돌솥비빔밥

拌飯料

白飯

雞蛋

（可以用生蛋黃，或煎成荷包蛋）

涼拌綠豆芽（作法參考 P.53）

涼拌菠菜（作法參考 P.103）

涼拌杏鮑菇（作法參考 P.213）

拌炒蕨菜

拌炒胡蘿蔔

辣炒牛肉絲（或豬肉）

作法

① 將石鍋的內壁塗上一層麻油。

② 將白飯盛入飯碗中，再倒扣進石鍋中。

③ 以小火加熱石鍋，一邊放入各種蔬菜。

④ 最後在中間放上一顆生蛋黃或荷包蛋即完成。（如喜歡更重的調味，視個人情況加入包飯醬或苦椒醬。）

拌炒蕨菜

食材

蕨菜 ……………………… 20g

調味料

麻油 ……………………… 1 大匙
醬油 …………………… 1/2 大匙
梅汁 …………………… 1/2 小匙
蒜泥 …………………… 1/2 小匙
白芝麻 …………………… 適量

食材

① 將蕨菜泡水至軟化，瀝乾水份切段備用。

② 平底鍋內倒入麻油，熱鍋後放入蕨菜。

③ 續入蒜泥拌炒，以醬油、梅汁調味。

④ 熄火後撒上白芝麻即完成。

拌炒胡蘿蔔

食材

胡蘿蔔 …………………… 30g

調味料

麻油 ……………………… 1 大匙
鹽 ………………………… 適量
白芝麻 …………………… 適量

食材

① 將胡蘿蔔切成細絲。

② 平底鍋內倒入麻油，熱鍋後放入胡蘿蔔絲。

③ 翻炒至胡蘿蔔絲熟軟，以鹽調味。

④ 熄火後撒上白芝麻即完成。

辣炒牛肉絲

食材

牛肉絲（肉片或絞肉亦可）80g
麻油 ……………………… 1 大匙

醃漬醬

蒜泥 …………………… 1/2 小匙
薑末 …………………… 1/2 小匙
清酒 …………………… 10ml
梅汁 ……………………… 2 小匙
醬油 ……………………… 2 小匙
洋蔥絲 …………………… 20g
辣椒粉 …………………… 1 小匙

食材

① 將醃漬醬的所有材料放入調理碗，調拌均勻。

② 將肉絲放入醃漬醬中，靜置至少 15 分鐘。

③ 平底鍋內倒入麻油，轉大火，放入肉絲與醃漬醬翻炒。

④ 炒至牛肉全熟且醃漬醬汁被肉絲完全吸收即完成。

辣炒雞 닭갈비

—取材自韓劇《沒關係，是愛情啊》

飲酒過量，有礙健康

雞腿 ⋯⋯⋯⋯⋯⋯ 700g

洋蔥 ⋯⋯⋯⋯⋯⋯ 85g

胡蘿蔔 ⋯⋯⋯⋯⋯ 85g

馬鈴薯 ⋯⋯⋯⋯⋯ 110g

大蔥 ⋯⋯⋯⋯⋯⋯ 1 支

麻油 ⋯⋯⋯⋯⋯⋯ 2 大匙

醃漬醬

苦辣醬 ⋯⋯⋯⋯⋯⋯ 45g

醬油 ⋯⋯⋯⋯⋯⋯ 1 大匙

辣椒粉 ⋯⋯⋯⋯⋯ 1 大匙

砂糖 ⋯⋯⋯⋯⋯⋯ 1 大匙

蒜泥 ⋯⋯⋯⋯⋯⋯ 1 大匙

蔥粗末 ⋯⋯⋯ 1 ～ 2 支

清酒 ⋯⋯⋯⋯⋯⋯ 25ml

作法

① 將馬鈴薯削皮後泡水，去除澱粉。

② 將雞腿肉切成一口大小，胡蘿蔔、馬鈴薯均切小塊，大蔥斜切小段，洋蔥切粗絲。

③ 將所有醃漬醬的材料放入調理碗內拌勻，再放入雞肉與蔬菜（除了大蔥）拌勻。

④ 平底鍋內倒入麻油熱鍋，放入步驟 3 翻炒，途中可以加水一起拌炒。

⑤ 放入大蔥，繼續翻炒，轉中火燒煮至醬料略微收乾即完成。

Tips

● 將馬鈴薯泡水去除澱粉，吃起來會比較爽口。

● 辣炒雞通常是先炒雞肉與蔬菜，隨之才加入醃漬醬一起翻炒，但李媽媽（本書 Chapter.5）教我的家常作法是入鍋前先全部拌勻，不失為一種快速方便的方式。

部隊鍋 부대찌개

—取材自韓劇《太陽的後裔》

食材

午餐肉 ……………… 3 片
韓國泡麵 ……………… 1 包
韓國魚板 ……………… 1 片
大蔥 ……………… 1 支
韭菜 ……………… 40g
黃豆芽 ……………… 50g
白菜泡菜 ……………… 80g
起司片 ……………… 1 片

調味料

苦椒醬 ……………… 1 大匙
大醬 ……………… 1 大匙
蒜泥 ……………… 1/2 大匙
薑末 ……………… 1 小匙
魚露 ……………… 1 小匙

作法

① 將午餐肉切成厚 1× 寬 2× 長 5cm 的片狀，魚板切成 2×4cm 的條狀。

② 將大蔥斜切段，韭菜切段。

③ 鍋中倒入約 800ml 的水，水滾後，放入調味料和隨泡麵附的調味包。

④ 再次煮滾後，放入午餐肉和魚板，以中火煮滾。

⑤ 放入泡麵，再放入泡菜、大蔥、韭菜、黃豆芽，煮約 3 ～ 4 分鐘。

⑥ 熄火，放上一片起司片即完成。

Tips

● 泡麵建議使用韓國進口泡麵，較耐煮，不易軟爛。

韓食小故事

● 部隊鍋的發源自接近南北韓休戰線的京畿道，在韓戰前後，因物資缺乏，使用美軍基地流出的午餐肉、火腿、香腸、起士加上泡麵而煮成的。因為是加了來自部隊的食材，所以稱作部隊鍋，演變至今，加入泡菜、午餐肉（或火腿）與起士是部隊鍋最基本的食材，其它則按各餐廳或家庭食材各自變化。

辣炒年糕 떡볶이

—取材自韓劇《請回答1988》

食材

韓式年糕 ············ 200g

韓式魚板 ············ 45g

調味料

苦椒醬 ············· 25g

辣椒粉 ············· 1 小匙

醬油 ·············· 1 小匙

砂糖 ·············· 1 小匙

昆布魚乾高湯 ······ 400ml
（請參閱 P.30）

作法

① 將年糕以水沖洗，瀝乾水份備用。

② 將魚板切成 4×2.5cm，以滾水燙過，取出瀝乾備用。

③ 取 1 小碗高湯，放入苦椒醬、辣椒粉拌勻備用。

④ 鍋內倒入剩下的高湯，放入年糕燒煮。

⑤ 倒入步驟 3、醬油和砂糖，滾後轉中小火燒煮。

⑥ 煮至湯汁剩下一半或1/3時，放入魚板，接著，煮至湯汁剩下約 1/4 即完成。

Tips

● 如年糕從冷凍庫取出，則先滾水汆燙，沖洗後瀝乾使用。

辣馬鈴薯豬骨湯 감자탕。

—取材自韓劇《原來是美男》

食材

豬龍骨 ················· 360g

乾燥蘿蔔葉 ·········· 10g

馬鈴薯 ················· 200g

調味醬

大醬 ················· 15g

湯醬油 ·········· 2/3 大匙

辣椒粉 ············· 1 小匙

青陽辣椒 ············· 適量

蒜泥 ················· 1 小匙

磨碎白芝麻 ········· 適量

作法

① 將乾燥蘿蔔葉浸在水中至軟化，切小段備用。

② 將豬龍骨泡於冷水中，約 1 個小時。

③ 取出豬龍骨洗淨，放入鍋中，加約 600ml 的水，煮滾後再煮約 1 分鐘。

④ 倒掉煮豬龍骨的水，將豬龍骨洗乾淨備用。起一鍋 950ml 的水，放入豬龍骨，小火燉煮至軟爛。

⑤ 在調理盆中放入步驟 1、蒜泥、大醬、湯醬油、辣椒粉，抓拌均勻。

⑥ 將步驟 5 放入步驟 4 中，續燉約 30 ～ 40 分鐘。

⑦ 將馬鈴薯削皮，切大塊（或整顆），放入步驟 6 中一起燉煮。

⑧ 以湯醬油再次調味，再放入青陽辣椒，煮至滾。起鍋前，撒上磨碎白芝麻和辣椒粉即完成。

玩藝 0039

走進韓國人的家，學做道地家常菜

74 道家庭料理＆歐巴都在吃的韓劇經典料理，讓你學會原汁原味的韓國菜和韓食文化。

作　　　　者一 郭靜黛（Joyce）
攝　　　　影一 林永銘
化 妝 髮 型一 吳蘇菲
封 面 設 計一 季曉彤
內 頁 設 計一 Rika Su
主　　　　編一 周湘琦
特 約 編 輯一 小叔叔
責 任 編 輯一 張沛榛
責 任 企 劃一 汪婷婷
董 事 長
總 經 理 一 趙政岷
總 編 輯一 周湘琦
出 版 者一 時報文化出版企業股份有限公司
　　　　　　10803 台北市和平西路三段二四〇號七樓
　　　　　　發 行 專 線一（〇二）二三〇六六八四二
　　　　　　讀者服務專線一 〇八〇〇二三一七〇五
　　　　　　　　　　　　　（〇二）二三〇四七一〇三
　　　　　　讀者服務傳真一（〇二）二三〇四六八五八
　　　　　　郵　　　　撥一 一九三四四七二四時報文化出版公司
　　　　　　信　　　　箱一 台北郵政七九～九九信箱
時 報 悅 讀 網一 http://www.readingtimes.com.tw
電子郵件信箱一 books@readingtimes.com.tw
第 三 編 輯 部
風 格 線 臉 書 一 https://www.facebook.com/bookstyle2014
法 律 顧 問一 理律法律事務所　陳長文律師、李念祖律師
印　　　　刷一 詠豐印刷有限公司
初 版 一 刷一 二〇一六年九月九日
定　　　　價一 新台幣 三六〇 元

（缺頁或破損的書，請寄回更換）

國家圖書館出版品預行編目資料

走進韓國人的家,學做道地家常菜 / 郭靜黛著.
-- 初版. -- 臺北市：時報文化, 2016.09
　面； 公分
ISBN 978-957-13-6743-9（平裝）

1.食譜 2.韓國

427.132　　　　　　　　　　　105013822

ISBN 978-957-13-6743-9　　Printed in Taiwan